GRAVITARE

BEHIND the SCREEN
Content Moderation in the Shadows of Social Media

幕后之人

[美] 莎拉·罗伯茨————著

罗文————————译

SPM 南方传媒 | 广东人民出版社
· 广州 ·

图书在版编目（CIP）数据

幕后之人 /（美）莎拉·罗伯茨著；罗文译. —广州：广东人民出版社，2023.5（2023.10重印）
（万有引力书系）
书名原文：Behind the Screen：Content Moderation in the Shadows of Social Media
ISBN 978-7-218-16424-3

Ⅰ. ①幕…　Ⅱ. ①莎…　②罗…　Ⅲ. ①互联网络—信息安全—研究　Ⅳ. ①TP393.408

中国版本图书馆CIP数据核字（2022）第256104号

MU HOU ZHI REN
幕后之人

[美] 莎拉·罗伯茨　著　罗文　译　　　　版权所有　翻印必究

出 版 人：肖风华

丛书策划：施　勇　钱　丰
责任编辑：施　勇　张崇静
特约编辑：柳承旭
营销编辑：龚文豪　张静智
责任技编：吴彦斌　周星奎

出版发行：广东人民出版社
地　　址：广州市越秀区大沙头四马路10号（邮政编码：510199）
电　　话：（020）85716809（总编室）
传　　真：（020）83289585
网　　址：http://www.gdpph.com
印　　刷：广州市岭美文化科技有限公司
开　　本：889毫米×1194毫米　1/32
印　　张：7.75　字　数：195千
版　　次：2023年5月第1版
印　　次：2023年10月第2次印刷
著作权合同登记号：图字19-2023-069号
定　　价：68.00元

如发现印装质量问题影响阅读，请与出版社（020-85716849）联系调换。
售书热线：（020）85716833

献 给 我 的 祖 父 母
献 给 我 的 父 母
献 给 帕 特 里 夏

For my grandparents

For my parents

For Patricia

"'人机交互'……我的意思是，还有什么其他的吗？"
——克里斯蒂娜·波利博士，2009年

"'Human-Computer Interaction' …

I mean, what other kind is there?"

—DR. CHRISTINE PAWLEY, 2009

目　录

序言　互联网的背后

我花了八年时间研究互联网商业性内容审核（commercial content moderation）、审核员，以及这项工作如此重要却"不可见"的原因，这本书就是最终的成果。商业性内容审核员（commercial content moderators）是一群职业化员工，他们为那些想要吸引用户参与的公司有偿审核在线社交媒体平台上的内容。他们的工作是评估用户上传的在线内容，并决定它们能否留在平台上。他们的工作节奏很快，一天往往要审核成千上万份图片、视频和文本。他们不像早期互联网和现在一些著名网站上的在线社群管理员那样在其管理的互联网平台上拥有特殊或可见的地位。[1]恰好相反，他们的一个工作要点就是尽量保持隐蔽，不要被人察觉。

在线社交空间和信息空间里的内容审核并不新鲜，自从网络社交空间诞生以来，在过去40年里，一直有人在制订和推行各种参与规则。但是由一群职业化员工为大型商业机构（比如社交媒体公司、新闻媒体、需要管理线上业务的公司、各种应用程序和约会软件等）从事大规模、有组织的有偿审核工作，这是一种新兴现象。随着社交媒体和数字信息检索的流行，在线社交等活动成为我们日常生活的一部分，这种现象也随之大规模发展起来。

主流社交媒体平台拥有全球性的巨大规模、影响范围和影响力，需要一支分散在全球各地的劳动力队伍，为其提供全天候的内容监测和品牌保护服务。当我了解到这项工作的规模后，我意识到需要创造一个描述性的词汇来讨论这项工作及其从业者。最终我决定使用"商业性内容审核"这个术语来指代这种新现象。有时候我会使用其他词汇来指代商业性内容审核员，比如"moderator""mod""screener"，以及一些更普遍的通称。除非特别说明，本书中的这些词汇指的都是将内容审核作为一种谋生职业的职业化员工。描述这项工作及其从业者的词汇有很多，雇主和审核员可能使用其中任意一个，或者更加抽象的术语。

当然，商业性内容审核员并非真的完全"不可见"。事实上，只要你想，全世界都能找到他们的身影。他们可能在舒适的硅谷科技公司总部，可能在仓库或摩天大楼中的隔间办公室里，可能在美国某个乡村或者超级城市马尼拉，也可能在太平洋西北地区^①的家中用笔记本电脑办公，同时照料着孩子。那些支付且依赖这项服务的平台用户，大多对他们的工作内容、工作条件和待遇一无所知。事实上，这种隐蔽性是人为设定的。

本书的目的就是要揭开这层面纱，将审核员和他们的工作公之于世，让更多人了解到一线审核工作的焦虑和艰难。读者也能从书中获得有用信息，从而能带着更多细节、更多洞察力去讨论

---

① 指美国西北部地区和加拿大的西南部地区，亦是一个美国大都市圈，主要城市有：西雅图、波特兰、斯波坎、博伊西、温哥华和维多利亚等。（本书页下注皆为译注）

社交媒体对于人际关系、公民生活和政治生活的影响。如果不了解互联网的幕后运作，我们就很难有效地参与到这类讨论之中。

在识别和研究商业性内容审核现象的过程中，我接触了许多处于不同人生阶段、来自不同社会阶层、来自不同文化背景、拥有不同生活经验的人们。我到访了世界上一些我先前并不熟悉的地方，阅读了历史和政治领域的学术著作，研究了菲律宾等地的人民，也认真考察了艾奥瓦州（Iowa）乡村居民的生活日常。这段经历帮助我在硅谷和印度之间、在加拿大和墨西哥之间、在那些并不认为彼此是同行的互联网从业者之间建立了联系。在这一时期，我形成了相应的理论框架和洞见，这也指引着我的研究方向。我希望能为这些人和我们所有人建立一种跨越时空的联系。

在美国，早在互联网诞生之初，就有人将它用于通信和社交。例如加利福尼亚大学洛杉矶分校（UCLA）的研究者在 1969 年就通过阿帕网（ARPANET，互联网的前身，由美国国防部资助）在两台计算机之间传输信息，不过结果是系统崩溃。[2] 接下来的 30 年，阿帕网发展成了互联网，一些有影响力的带有实验性质的新型社交空间也作为计算和连通性技术革命的一部分而发展起来。这些基于文本的空间有着像密码一样的奇特缩写，比如 MOO、MUD、BBS。[①3] 人们在 Unix 操作系统上使用命令行程序（command-line programs），比如"talk"（聊天）来进行即时通信，那时候离短

---

①　MUD 是 Multiple User Dungeon/Dimension（多用户空间）的简称，指通过网络连接、多用户自由参与、可由用户自主扩展、主要基于文本的虚拟现实环境。MOO（MUD Object-Oriented）是用面向对象技术构建的 MUD。BBS 全称为 Bulletin Board System（电子布告栏系统），提供布告栏、论坛、软件下载与上传等功能。

信（texting）的发明还有很长一段时间。后来，电子邮件作为一种新型的通信方式，一度成为互联网上大部分数据的传输途径。还有一些人在新闻组（Usenet）[①]里分享时事、讨论政治、谈论喜爱的音乐或者传播色情内容。这些都是某种形式的在线社群，它们早在 Facebook 创始人出生多年以前，就已经将不同的计算机用户连接了起来。这些通信站点都发展出了各自的协议、广为用户接受的操作或模式，以及自身独特的氛围、规范和文化。

互联网诞生的头十年，接入网络的计算机并不多（那时候大部分计算机甚至都不是个人电脑），能够接触到新兴互联网的人大多在高校和研发机构，主要分布在美国、英国和北欧。[4] 尽管这些早期用户的背景看起来基本相似，但他们仍然在网络上争吵不休。政治、宗教、各种社会议题的争论，连篇累牍的讨论，羞辱、挑衅和谩骂的言辞都屡见不鲜——直到现在，我们还在为这些网络现象而头疼不已。

在很多早期网络社交空间里，为了应对这些挑战，同时培养、增强社群认同感，用户们往往会自行制定规则、指南、行为规范和其他自治和管理的形式。他们会选定自己或其他用户作为超级管理员，从社交和技术两方面执行这些规范。简而言之，用户的行为和内容在这些空间里会受到审核。我曾经援引亚历山大·R.加洛韦（Alexander R. Galloway）和弗雷德·特纳（Fred Turner）的研究，在一个百科全书的词条里这样解释早期的社交网络：

[①] Usenet 是一种分布式互联网交流系统，是新闻组及其消息的网络集合。不同于 BBS 论坛，Usenet 缺少中央服务器和管理员。

互联网及其许多底层技术，在数据传输方面都高度程序化、依赖协议，但其中的内容在主题和本质上向来都是高度自由的。事实上，许多互联网拥护者早期对它的一个核心愿景，便是互联网的架构和伦理观决定了它对任何形式的审查都具有高度的抵抗力。不过，在早期的在线社群中已经出现了不同形式的内容审查，这项任务通常由一些人自愿承担，根据是社群内部的社群规范和用户行为的参与规则。社群内部的审查方式和风格会带来不同的社群氛围，比如有的社群强调严格遵守规则，有的社群则提倡无政府主义式的管理。服务于旧金山湾区的在线社群"电子链接"（WELL）①为人津津乐道的是，它在成立的头六年里只封禁过三位用户，而且只是短期封禁。

了解这一背景之后，读者应当知道，互联网在当下的治理、监控和干预色彩比以往任何时候都要浓厚，互联网也比以往任何时候都承载了更多以商品性质流通的信息。本书所介绍的商业性内容审核员，就处在这样的环境之下。互联网已经成长为全球性的商业和经济领域的庞然大物，商业性内容审核也随之萌芽、扩大、变得不可或缺。过去 20 年，我亲身体会了这种变化，而这种变化对我的人生有着重要的影响。接下来，我将简单地回顾那段时光，让读者们对过去和现在的互联网环境有更好的理解。

---

① WELL 全称为 Whole Earth 'Lectronic Link，创立于 1985 年，是仍在运行的年代最久的在线社群之一。

1994 年夏，威斯康星州麦迪逊

1994 年夏天，我正在威斯康星大学麦迪逊分校读本科，攻读法语和西班牙语语言文学双学位。尽管更倾向于选择人文学科作为自己的学术研究方向，但我对计算机痴迷已久，也对电子公告板系统（Bulletin Board Systems，简称 BBS）或者说基于文本的在线社群产生了新的兴趣（当时我在宿舍通过传输速率为每秒 14.4 千比特的调制解调器上网，经常需要占用电话线，这让我的舍友们很不满）。凭借自己掌握的计算机技能，我在当时学校最大、最繁忙的计算机实验室里找到一份相对轻松的工作，这意味着我可以从宿舍楼下咖啡厅的洗碗工岗位上"退休"了。那时候的笔记本电脑既昂贵又笨重，无线网络也还没有普及，你无法想象这个位于研究生学术图书馆一楼的计算机实验室能拥挤到什么程度。这所大学的四万名本科生之中，我脸熟的不在少数，因为他们可能于某个时间点在实验室的某台工作站前面"暂住"过。

有一天我来上班，看见同事罗杰（Roger）在实验室里散步，就跟了上去。我们停在一排麦金塔 Quadra 电脑前面（它们有着著名的"比萨盒"外观），看着它们嗡嗡作响，费力地将一些内容加载到屏幕上，但大多时候都加载不出来。屏幕显示的程序界面是灰色背景，上边角有一个图标显示正在加载中，但最终，什么也没有出现（在当时，出现这种情况往往是因为站点存在故障或者网络运行不畅，而不是计算机程序本身有问题）。看它们做了一会儿无用功，我转过头来，对着读计算机专业的罗杰问道："那是什么？"

"那个，"他指着灰色屏幕说，"是 NCSA Mosaic[①]，一个万维网（World Wide Web）浏览器。"

看我一脸茫然，他不耐烦地解释说："也就是图形化互联网（graphical internet）！"

"好吧，"我像条件反射一样鄙夷地挥了挥手，说："它注定会失败的。大家都知道，互联网是一个纯粹基于文本的媒介。"

这句话一说出口，在历史上那么多预测互联网未来的人之中，我估计成了错得最离谱的那个。图形化互联网以万维网（或者说 Web）的形式很快取得了成功，永久性地改变了个人计算机的使用体验和文化。互联网不再专属于高校和国际研发中心中的一小撮计算机和科技爱好者、工程师和计算机专业学生，而是成为贸易、通信、金融、办公、娱乐和社交领域一个无所不包的媒介。尽管在那之后的 20 年，由互联网带动的科技行业在经济繁荣和衰退之间起起落落，但互联

2013 年 4 月 23 日，美国电气电子工程师学会计算机协会（IEEE Computer Society）庆祝 NCSA Mosaic 诞生 20 周年。这个网页浏览器由伊利诺伊大学国家超级电脑应用中心（NCSA）开发并免费开放。它推出了图形用户界面（GUI），并专注于对信息进行图形化展示，被认为由此引发了人们对万维网的广泛兴趣和接纳。

---

① 发布于 1993 年，是美国国家超级电脑应用中心（NCSA）开发的互联网历史上第一个获普遍使用的、能够显示图片的网页浏览器。

网以及建立在其上的平台已经成为我们日常生活的一部分。互联网的规模不断扩张，向着商业化、移动化和无线化的方向发展。它的成功、它的泡沫、它的衰退，都与美国经济息息相关。

与此同时，我个人的网络生活体验也发生了变化。以前我很不愿意在一群人面前谈论网络生活，因为那时候上网是一种专业性很强、普通人难以理解的事情，我必须要找各种借口来解释自己上网做了什么。随着本地互联网服务提供商（ISP）数量的增加以及美国在线入门套件①（一开始是软盘，后来是光盘）的普及，越来越多的人知道了如何把互联网作为社交和获取信息的工具。随后几年，亚马逊、Friendster、MySpace、Facebook和谷歌，让互联网从少数"技术宅"的领地走进了大众的日常生活。②

这些年来，我无数次向同事和学生们讲过自己那可笑的错误预测，以此来说明：假如你一味沉浸在某种技术的独特体验之中，很可能会失去对它的迭代、更新和衍生的想象力。对于技术专家、学生和数字技术研究者（我在接触NCSA Mosaic之后的25年里经历过这三种身份）来说，坐井观天是非常有害的。因此这些年来，我尽量不去预测未来技术变革的走向。如今，我带着全新的视角回望这段经历，对自己25年前的错误预测感到更加释怀了。那个

---

① 美国在线（America Online，简称AOL）是20世纪90年代互联网行业的先驱，为数百万美国人提供拨号上网以及门户网站、电子邮箱、即时通信等服务，2015年被美国电信运营商Verizon收购。美国在线入门套件（America Online starter kits）中包含一定的上网时间（一开始是500分钟），用户还可以续费继续购买上网时间。

② 创立于2002年的Friendster和创立于2003年的MySpace都是早年炙手可热的社交网络平台，后来，它们的用户数急剧衰减。

夏天，我在计算机实验室里感受到的也许是一种担忧，一种关于互联网的使用方式和文化体验将会产生巨大转变的担忧。

1994 年，我仍然将互联网视为一个拥有巨大潜力的新型通信工具和强大的信息共享平台。它那种脱离现实的本质使我深感慰藉。在网络上，人们可以尝试不同的身份、观点和政治立场。在我参与的在线社交空间里，评判用户的标准不是外表或富裕程度，而是论证是否精彩、论据是否有说服力。这让我能够在"IRL"中（即"在现实生活中"，in real life 的缩写）公开我的同性恋身份之前，在网络上体验这个身份。在线上以同性恋身份进行过文字交流后，我在现实中展现这个身份变得容易了很多。如果互联网信息传播的载体从文字变成了图像，什么东西会消失呢？当时的公共网络还处于萌芽阶段，但我已经在担忧这种变化将会导致互联网的商业化，从而使得网络空间变得封闭、易于控制。这个预测大体上成了现实，倒不像我预测万维网不可能成功那样错得离谱。

我有幸能接触到早期互联网积极的一面，并对它产生良好的印象。我和其他学者都认为，互联网有潜力塑造一种新型的思维模式和行为模式。但是，商业化、大众化之前的互联网并不全然美好。赛博空间［我们那时候受了威廉·吉布森（William Gibson）的赛博朋克小说的影响，形象地将网络空间称为赛博空间］的拥护者往往认为新兴的互联网社群前景无限，他们的用语（如"开拓""建立家园""数字边疆"）透露着一种新高科技部落主义（new techno-tribalism）①式的沙文主义倾向，暗示着一种难以站住脚的

---

① 新部落主义（new tribalism）指在当代社会中，人们根据各种身份标志，将自己划分为不同的"部落"，尤其是通过社交网络形成的各种社群。

"科技天定命运观"（techno-Manifest Destiny）①。6

　　其他学者也在网络上找到了各种常见的"主义"，它们与现实相对应，如同在现实中一样，在网络上亦迅速传播开来。中村莉萨（Lisa Nakamura）在 1995 年的文章《网络空间里的种族：身份旅游和种族蒙混》（*Race In/for Cyberspace: Identity Tourism and Racial Passing on the Internet*）里讨论了在线文本空间中关于种族和性别蒙混的"恶意表演"。②法律学者杰里·康（Jerry Kang）和社会学家杰茜·丹尼尔斯（Jessie Daniels）对网络上的种族主义也进行了重要的理论研究，尽管许多互联网拥护者认为网络是种族中立的。7 1998 年，朱利安·迪贝尔（Julian Dibbell）在《我的小生活》（*My Tiny Life*）一书的第一章"网络空间里的强奸"中讲述了早期的网络社交体验，其中提到 LambdaMOO③上不同寻常且令人厌烦的匿名性骚扰现象，还讲到 Usenet 新闻组晦涩、繁琐的参与规则和自治规则，以及与之相反的，一些充斥着火药味十足、不堪入目的内容的新闻组存在的理由。8 1999 年，珍妮特·阿巴特（Janet Abbate）帮助我们理解了互联网形成过程中的复杂性，这个

---

　　① 天定命运（Manifest Destiny），又称昭昭天命，是 19 世纪美国定居者持有的一种信念，他们认为上帝赋予了他们向西扩张、使领土横贯北美洲的天命。

　　② 身份旅游（identity tourism）指在网络上假装成不同的种族、性别或外表。种族 / 性别蒙混（race/gender passing）指一个人的种族 / 性别认同与自身身份不符。所谓"恶意表演"（hostile performance）是指一些网用户故意将自己的身份设置为亚裔、非裔、拉丁裔美国人或其他受压迫、被边缘化的少数族群，从而将现实中容易引起对立的种族问题带进网络空间内。

　　③ LambdaMOO 创立于 1990 年，是一个游戏式的在线社交空间，里面模仿现实房屋设置了院子、起居室、厨房、车库等空间，用户可以自由设置匿名身份。

形成过程涉及计算机科学家、美国军方、学术界和产业界。[9] 加布里埃拉·科尔曼（Gabriella Coleman）指出，在我们熟悉的法律和社会规范之外，黑客等另类群体也对互联网产生了重要的影响。[10]

1999 年，法律学者劳伦斯·莱斯格（Lawrence Lessig）凭借一本畅销专著《代码：塑造网络空间的法律》（*Code, and Other Laws of Cyberspace*），进入了新兴的互联网研究和互联网法律领域。[11] 在讨论内容归属、版权和数字权利等问题时，他明确地站在互联网用户和信息开放一边。当时开放源代码运动（open-source movement）正风起云涌，取得了如 Linux 从由小众爱好者开发的操作系统发展成可商用企业系统（例如红帽公司① 上市）的成功，也见证了随后 Napster② 的迅速崛起又骤然衰落，互联网用户开始担心诸如文件共享之类的在线活动会触犯法律。莱斯格在书中直面这些问题，认为互联网应更开放、信息应更易获取，因为这是创造力和创新发明的潜在源泉。他警告说，数字版权管理（DRM）和媒体合并（比如当时美国在线收购时代华纳）等种种举措，将会威胁互联网信息的自由流通。其他学者，如法律学者杰米·博伊尔（Jamie Boyle）认为我们有必要保护和扩大"数字公地"（digital commons）——这个词语暗喻着 16 世纪的英国圈地运动③。[12]

---

① 红帽公司（RedHat）是一家开源解决方案供应商，是全球最大的 Linux 系统厂商，于 1999 年上市。

② Napster 软件于 1999 年推出，为用户提供在线音乐播放和点对点共享服务，后因版权问题遭到诉讼，于 2001 年停止运营。

③ "commons"一词指英国历史上由佃户集体耕种和放牧的公地。中世纪末期，许多庄园主收回佃农的土地使用权，圈占公地进行集中管理。

可以看到，初生的社交网络虽然参与人数较少，是个"特权"空间，但并不乏各种问题。正是在这个早期阶段，商业机构、政府机构、学生和普通用户对于互联网的日常使用开始大规模增长。皮尤研究中心（Pew Research Center）的"网络与美国生活项目"指出，这种增长由三种相互关联的技术所推动，即宽带、移动联网设备和社交媒体平台。莱斯格和博伊尔等学者、网络活动人士和相关机构 [比如电子前哨基金会 （Electronic Frontier Foundation，EFF）] 关注的焦点在于商业机构和政府机构对互联网进行越来越多监控和管制的潜在可能性，而这些监管的实现也正是基于这些让数量空前的美国人能够在网络上冲浪并保持在线（无论是为了工作还是娱乐）的技术。

在过去，司法管辖权的范围由地理位置和政治边界直接决定，不同国家和地区适用不同的法律，这些都是公众普遍理解且承认的，法律也因此得以执行。全国性和跨国性媒体（例如报纸和广播）的出现，对这种清晰的边界划分提出了挑战，而互联网在演变成一个大型消费、商业和社交网络的早期阶段所带来的挑战不仅要大得多，也更加引人注目。

对许多互联网拥护者来说，早期互联网承诺的一个前景是它没有任何地理边界：它似乎超越了国界，不存在于任何领土之上，又有其独特的位置，无处可寻，又无所不在。它是一个没有边界、开放探索的新世界，鼓励人们发掘它令人兴奋的潜力，比如获取在某些国度无法获取的信息和观念。早期网络自由主义者、技术专家约翰·吉尔摩（John Gilmore）下过一个著名的论断，即互联网的结构本身就对信息审查有着免疫能力（至少是极强的抵抗力），任何形式的信息审查都无法阻碍信息在相互关联的节点上主动或被动地传播。另一位早期互联网权威约翰·佩里·巴洛（John Perry Barlow）曾提出著名的《网络空间独立宣言》（*Declaration of the Independence of Cyberspace*），主动挑战传统上政府的权威，拒绝接受政府对互联网的管制、立法和司法管辖。[13] 大型互联网公司甚至声称，根据用户的地理位置（也便是司法管辖区）来限制内容访问不仅不切实际，在技术上也不可行。这个断言后来在一个著名的诉讼案中被驳倒了，随后就出现了定位系统以及根据 IP 地址来限制内容访问的做法。[14]

然而事实上，如今大多数人眼中的"互联网"，其中的绝大部分领域都由私营企业所管理，而人们几乎没有任何掌控。这些企业通常是跨国巨头，与其初创所在地的政府关系密切。这种私有化存在于网络服务的各个层面，比如为全球计算机提供主干网的公司之中，只有五家大型公司（二级、三级主干网也几乎都掌握在少数跨国媒体和通信巨头的手中）才能够提供接入私营平台内容的服务。[15]

商业性内容审核是强大的管控机制，它在为私营企业服务的过程中，伴随着私营企业一同成长了起来。这些私营企业已经成为"互联网"的代名词，它们运营的平台和服务组成了一个高度规范化、中介化和商业化的网络。作为其中的重要部分，商业性内容审核通常非常隐蔽且难以触及。在大多数时候，用户无法对它施加实质性的影响或者参与其中，甚至不知道它的存在。我与在职或离职的商业性内容审核员谈论过这些话题，在本书中可以读到这些访谈。这篇序言描述了互联网发展的大背景，目的是让读者更好地认识他们发挥作用的环境，从而更深刻地理解他们的见解。

本书代表了我学术生涯前八年的努力，而这个课题值得用一生来研究。我自己所处的位置（我的身份、生活经验、认知方式以及构建自我的其他方面等）是我发掘的故事中极为关键的一部分。我自己的互联网经验反映了已经进入人们日常生活的商业互联网的发展和普及。后来我从事信息技术专家工作，对商业性内容审核以及审核员的生活产生了兴趣。

当我第一次接触到新兴的在线社群时，它们还是由成员自愿管理的，管理方式单调乏味，经常惹起争议。地位较高且拥有权力的社群领袖受人尊敬，计算机极客文化和DIY文化大行其道（比方说，某个小房间里一台废弃主机上托管着一个网站系统，这样的情形并不少见）。这些都为我个人的网络生活方式打下了烙印。多年以后，我第一次从阅读中得知，邻近的艾奥瓦州有一群内容审核员，他们的样貌看起来可能和我差不多，生活也同样围绕着互联网转。他们的故事让我自己早期的上网经历变得历历在目。从我第一次上网到现在已经有25年，互联网生态已然发生巨变。以往只有旧金山湾区的一小群人利用互联网来工作，而如今，线上办公已经成了数百万人的常态；此外，联邦政府在制定技术和就业政策时，会重点考虑数字经济的前景，这一前景也激励着许多人。商业性内容审核这种工作、职能和产业实践只会，也只能在这种环境下存在。

如今，关于我们应该如何看待当代互联网，许多学者提出了重要的见解，包括数字社会学家杰茜·丹尼尔斯、卡伦·格雷戈里（Karen Gregory）和特雷西·麦克米伦·科塔姆（Tressie McMillan

Cottam），以及法律、传播、信息领域的学者，比如丹妮尔·西特伦（Danielle Citron）、琼·多诺万（Joan Donovan）、萨菲娅·U. 诺布尔（Safiya U. Noble）、萨拉·迈尔斯·韦斯特（Sarah Myers West）、丹娜·博伊德（Danah Boyd）、希瓦·维迪亚纳坦（Siva Vaidhyanathan）、泽伊内普·图菲基（Zeynep Tufekci）和惠特尼·菲利普斯（Whitney Phillips）。他们研究了线上仇恨话语的影响，以及社交媒体在助长对个人、社会和民主体制的有害影响中所扮演的角色。我希望这本书能够加入这场重要的对话，丰富并加深我们对当下网络生活的理解。[16]

本书第一章讲述了职业互联网审核员的工作首次突破行业限制，显著地曝光在公众面前的过程，这要归功于《纽约时报》（*New York Times*）上的一篇文章，本章也对其做了介绍。我回顾了 2010 年的这一时刻，并介绍了互联网生态系统内其他被遮蔽的人力劳动和介入，目的是阐述商业性内容审核及其影响的范围与风险、过去和当下。

第二章详细介绍了商业性内容审核的概念，以及人们从事这项工作的环境。这一章从背景和理论两方面勾勒了内容审核的概念，并且将审核工作分成了几个类别，用实例阐述了商业性内容审核的工作模式和工作条件，这有助于我们把它放在数字劳动和数字经济过去和当下的讨论中加以考察。我介绍了最近的一些著名案例，并进行了相应的分析。

第三章介绍了一家大型硅谷互联网巨头 MegaTech[①]（化名）的

---

① 字面意思为"大型科技公司"。

三位合同工。这一章主要通过他们自己的话语，介绍了硅谷合同工的职场文化和日常体验。他们讲述了这个岗位给他们的工作和生活带来的压力和负面影响。我认为，他们对于内容审核这一工作在劳动性质上的看法，揭示了社交媒体经济以及更广泛意义上的互联网文化和政策背后的复杂、病态的一面。他们有很强的自知之明和敏锐的洞察力，这一章通过许多强有力的访谈摘选和我自己的分析，抓住了他们的发言和经历中所蕴含的丰富信息。

本书的分析框架，得益于早期对于薪酬和地位较低的类似工作（比如呼叫中心）的研究，以及对甄别检查相关工作的研究。丽萨·帕克斯（Lisa Parks）研究了机场的安检人员，她提到，在一次国会听证会上，这种不停地通过影像检查行李的工作被描述成一种"重复、单调、压力重重的工作，不能有一丝松懈"。[17]而内容审核员的工作不仅单调，还要经常面对令人不适的画面，他们承受的危害没有引起人们的关注，因为这些危害不一定会反映在身体上，也不一定会立刻显现出来或者被人理解。

介绍完硅谷 MegaTech 公司的合同工之后，第四章介绍了在另外两种环境下工作的两位审核员，其中一位在一家专业社交媒体审核公司里担任高管，另一位则给一个数字新闻网站当过合同工。他们分享了对这些特定环境的重要见解，阐明了不同环境下商业性内容审核的差异，且在全球各地的审核员的经历和观察之间建立了联系。

第五章所关注的是一群身在菲律宾马尼拉的审核员，重点论述了他们的工作和生活。菲律宾在 2013 年超过印度成为"全球呼叫中心之都"，尽管菲律宾的人口要比印度少很多。菲律宾员工与其他地方的呼叫中心员工一样，必须每天运用他们在文化和语言上的素养，审核那些来源和去向都与他们相隔万里的内容。这一章通过菲律宾商业性内容审核工作的例子表明，这种将工作外包到全球南方^①的现象，是以当地的文化、军事、经济长期受西方支配为基础的，而社交媒体平台利用了这一点来获得廉价、充足、有文化素养的劳动力。通过五位菲律宾内容审核员自己的描述，这一章在历史和当代背景下阐述了他们的经历，让读者了解他们在当今马尼拉的日常工作情况。

最后，本书在第六章对内容审核和数字工作的未来进行了有根据的、推测性的展望。这一章讨论了在监管者和其他各方要求社交媒体公司提高可问责性和透明度的情况下，商业性内容审核将会走向何方。这一章也讨论了平台对于人工智能将取代人工审核的论调。在我看来，社交媒体公司也许无法再掩盖内容审核员的内容干预工作，但仅是曝光能否改善他们的工作环境和地位，还是一个未知数。我认为，在社交媒体的使用过程中产生的隐性成本可能是这些平台难以摆脱的，这些成本会在未来某个时刻体现为对员工的伤害，以及更加恶劣的社交媒体环境。本章最后概述了商业性内容审核的现状，介绍了一些欧洲国家（比如德国、比利时和奥地利）以及欧盟层面上的立法和政策制定，它们打击了大型平台对内容审核活动的单方面管理，本章同时也讨论了微软和如今 Facebook 所面临的与商业性内容审核员有关的里程碑式

---

① 全球南方（Global South）指拉美、亚洲、非洲等地的发展中国家，因它们多分布在发达国家的南部而得名。

的诉讼，分析了商业性内容审核在得到更广泛的运用和更高的社会关注后可能产生的后果。

本书是对商业性内容审核现象的长篇概述，从个人角度切入，重点介绍了为社交媒体执行审核政策的一线审核员的工作情况。这本书经过长时间的酝酿，包含我多年来形成的理论基础，但不是最终的定论。我希望它能够加入到一场正在进行的对话中，为各种学者和活动人士现有有关内容审核（特别是商业性内容审核）的论述做出补充。这场对话的关注点包括内容审核与法律视角、人权与言论自由、平台治理与可问责性、互联网的未来等。凯特·克洛尼克（Kate Klonick）、詹姆斯·格里梅尔曼（James Grimmelmann）、塔尔顿·吉莱斯皮（Tarleton Gillespie）、萨拉·迈尔斯·韦斯特、尼科斯·斯梅尔奈奥斯（Nikos Smyrnaiois）、伊曼纽尔·马蒂（Emmanuel Marty）、诺拉·A. 德拉佩（Nora A. Draper）、克洛迪娅·洛（Claudia Lo）、卡伦·弗罗斯特·阿诺德（Karen Frost Arnold）、汉娜·布洛克－沃赫拜（Hanna Bloch-Wehba）、吉·罗（Kat Lo）等人在这个领域已经或者即将出版重要著作。[18] 他们的著作大大拓宽了我的思维和视野，我鼓励所有感兴趣的读者找来读一读。

第一章　幕后之人

2010 年夏，伊利诺伊州尚佩恩

2010 年的夏天闷热潮湿，我一手拿着冰拿铁，一手握着鼠标，漫无目的地浏览着《纽约时报》网站。这是一个短暂而惬意的假期，当时我正在伊利诺伊大学图书馆与信息科学研究生院攻读博士学位。这个公立的赠地大学[①]主导了厄巴纳（Urbana）和尚佩恩（Champaign）两座姊妹小镇的经济来源和地貌，无穷无尽的麦田将小镇包围。如果你有季节性过敏或者讨厌田地风景，那最好不要来到伊利诺伊州的这个区域。

我在那里度过了整个酷热潮湿的夏天，一边做助教，一边做数字媒体方面的独立研究。在学期结束和课程准备的空档期，我喜欢每天阅读新的报道。《纽约时报》的科技版块有一篇短文章

[①] 赠地大学（land grant institution）是指根据 1862 年和 1890 年通过的莫里尔法案，由美国联邦政府捐赠土地，再由各州售卖土地筹款建立的高等教育机构。

引起了我的注意，它的题目是"请关注那些在网络上审核不良内容的工作者"。[1]

作者布拉德·斯通（Brad Stone）讲了这样一件事：一家名为Caleris的呼叫中心①公司在艾奥瓦州的一个农业小镇为客户提供业务流程外包服务（business process outsourcing，下文简称BPO）。[2]它拓展的一项新业务是内容审核，即雇佣小时工为大型网站审核用户生成内容（即UGC，涵盖我们上传到社交媒体平台上的所有图片、视频和文本等）。这篇报道重点关注的是Caleris员工以及美国其他几个内容审核中心的员工在工作中所遭受的身心损害。他们必须观看许多令人不适的图片和视频，如淫秽画面、仇恨言论、虐待儿童和动物的画面，以及未经剪辑的战场片段，为此，他们身心俱疲。

报道称，其他一些专门从事内容审核的公司已经开始为那些在审核过程中感到烦闷和压抑的员工提供心理咨询。他们仅仅领着八美元的时薪，却要为此观看用户上传到社交媒体平台和网站上的那些令人不适的内容。这些内容是如此不堪入目，以至于许多员工最终都得接受心理咨询。我读了这篇文章后意识到，对于社交媒体平台以及任何将产品放在网络上供用户公开评价的公司来说，这种新型的科技工作都是不可或缺的。仅仅是品牌保护这项需求就足以促使它们这样做，没有公司愿意让未知的、匿名的

---

① 呼叫中心服务是指由一批服务人员在相对集中的场所为客户提供的各种电话响应服务（如技术支持、产品投诉、服务查询、电话营销等）。呼叫中心具备同时处理大量来电的能力，可将来电自动分配给具备相应技能的人员处理，并能记录和储存所有的来电信息。

网络用户随意发表令人反感甚至非法的内容，它们得进行干预。但是，在将近 20 年时间里，身为一个重度网民、信息技术工作者和互联网研究者，我从来没有听说或者想象过这种有组织、有偿的内容审核工作，直到在 2010 年看到这篇文章。

我将这篇文章分享给了一些朋友、同事和教授，他们和我一样都是长期的互联网用户，也是数字媒体和互联网领域的学者。"你们听说过这份职业吗？"我问道，"你们对这种工作有什么了解吗？"所有人都给出了否定的答案。有些人之前已经看过了这篇报道，依然很茫然。我们这群狂热的网络迷和数字媒体爱好者，竟然对这种工作一无所知。我将这种工作称为商业性内容审核，以便将其与网络空间和社群里多年来司空见惯的自愿、自治管理区分开来。

经过认真思考后我意识到，这种做法只会在依靠用户生成内容来吸引和留住用户的商业性平台才存在。2014 年，用户每分钟上传到 YouTube 的视频时长超过 100 个小时。YouTube 向全球数十亿人分发内容，覆盖范围远远超出任何有线电视网络。2015 年，用户每分钟上传到 YouTube 的视频时长高达 400 个小时。2017 年，YouTube 每日的视频浏览时长高达 10 亿个小时。[3] 新闻媒体在 2013 年报道称，用户每天上传至 Facebook 的图片数量高达 3.5 亿张。[4] 过去十年，这些平台的规模、范围和收入不断扩大，对劳动力和物质方面也产生了越来越大的影响，针对这些问题发表过重要著作的学者有尼克·戴尔－威瑟福德（Nick Dyer-Witheford）、邱林川（Jack Linchuan Qiu）、安东尼奥·卡西利（Antonio Casilli）和米丽娅姆·波斯纳（Miriam Posner）等。[5] 2018

年，对于依赖用户生成内容的社交媒体平台以及其他内容分享平台（比如 Snapchat、Instagram、One Drive、Dropbox、WhatsApp 和 Slack）[①] 来说，我们只需要大致估算一下它们的用户规模和每日新增内容的数量就能知道，要应对这样的海量内容流入是一项重大的长期工程，除了需要有一支人数众多的全球劳动力队伍之外，在网络线缆、矿产开采、设备生产、销售、软件开发、数据中心、电子垃圾处理等方面，都需要有庞大的全球供应链加以支撑。

在我读到这篇报道的 2010 年，YouTube 和 Facebook 还没有像今天这样流行。但即便在那个时候，这些平台及其主要竞品平台也已经在全球吸引了数以亿计的用户。通过不断更新内容，它们吸引用户去点击、观看和关注视频和图片旁边的合作广告。因此，YouTube、Facebook、Twitter 和 Instagram 这类平台以及它们的竞争者不会允许各种内容毫无阻碍地在平台上传播，而是会设置某种形式的审查机制来保护自己的品牌。深入思考后，我发现尽管公众对于平台的审查行为没有太多讨论，但内容审核员在格子间里默默无闻做出的决策，可能会显著影响那些为平台贡献了大部分内容的用户的体验。

审核员在做判断时需要考虑社交规范、文化美学、内容策展（content curation）以及内容是否符合站内规则和外部法律等诸多方面，但他们却是公司里薪酬最低的员工，同时还要承受工作所带来的伤害。这群默默无闻的幕后工作者从未留下过名字。他们

---

① Snapchat 和 Instagram 是图片及视频分享软件，One Drive 和 Dropbox 提供文件云端存储共享服务，WhatsApp 和 Slack 是即时通信软件。

是谁？他们在哪里工作、工作条件怎么样？他们的日常工作是怎样的？他们需要做出哪些决策、这些决策代表着谁的利益？对我来说最重要的问题是：为什么我们没有集体讨论过这群人、他们的工作以及他们所受的影响？既然互联网已经融入了成千上万人的生活，为什么我们没有讨论过这项工作对于互联网的影响？

八年来，我一直在追寻这些问题的答案，这个过程中有激动，也有沮丧。我的足迹遍布全世界，从北美到欧洲，再到菲律宾的大都市马尼拉。我接触了许多员工、管理者、活动人士、艺术家和律师。我常常与实力强劲的公司和机构发生冲突，但有时候又与他们坐在一起交流。这项研究使我有了少许发言权，能够在大大小小的场合里讲述商业性内容审核员的现状。

被掩藏的数字劳动：商业性内容审核

多年来，很少有人了解商业性内容审核及审核员的生活状况。但最近，这类话题登上了国际新闻的头条。在 2016 年美国总统大选之后，社交媒体平台的角色以及它们在线传播的信息，引发了公众的广泛质疑。这是公众第一次如此大规模地对社交媒体的内容生产方式感到担忧。"假新闻"（fake news）一词进入公众的话语之中。2017 年，一系列暴力和悲剧事件在 Facebook 和其他社交媒体平台上传遍了世界，有的内容还是用直播的方式"广而告之"。自那以后，商业性内容审核就成了一个热门话题。这些事件在公共领域引发了疑问：什么内容能够在线上传播？它们是怎样传播的？如果有人把关的话，那么是谁在负责这方面的工作？

现在我们知道，完成大部分内容审核工作的并不是先进的人工智能和深度学习算法，而是薪资低微的普通人，这种工作的性质还让他们不得不承受过度劳累、感情麻木和其他更为严重的风险。这一点让公众极为震惊，就像 2010 年刚读到那篇报道的我一样。一些心怀不满的审核员渴望让公众了解他们的角色和工作环境，向各大报刊透露了他们的经历，Facebook 和 YouTube 等大型网络平台也因此饱受批评。越来越多的计算机学者和社会学家开始关注社交媒体及其算法的局限性及影响，包括塔伊纳·布赫（Taina Bucher）、弗吉尼亚·尤班克斯（Virginia Eubanks）、萨菲娅·诺布尔和梅雷迪思·布鲁萨德（Meredith Broussard）。[6]

商业性内容审核多年来一直隐藏在幕后，这个机制包括提供劳动力的外包公司、有相关需求的大型网络平台，以及将有害画面和有害信息挡在用户视野之外的审核员。现在，这个机制在学术研究、新闻报道、技术研究、政策制定等层面得到了人们的关注，然而它的真实面目依然非常模糊，依靠这个机制来开展业务的社交媒体公司也不愿意讨论这方面的问题。

我意识到，要想穿过科技公司设置的重重阻碍，了解它们在背后用了哪些手段来决定你在屏幕上看到的内容，我必须和审核员直接对话；要找到他们，并说服这些人把自己的经历讲出来。鉴于雇主为他们设置了很多法律上的限制，这个过程很有挑战性，但也极其重要。此外还有一些麻烦：审核员的工作大都不太稳定；公司通常还会强迫他们签署保密协议；岗位有期限限制，致使他们在就业大军中进进出出。还有一个挑战是，这些数字劳动会"改头换面"、以不同的名义在全球范围内转移，审核员分散在全球性的外包公司网络中，与最终从他们的劳动中受益的平台相距甚远。

在访谈过程中，我尽量避开一些敏感或涉及隐私的问题，以免加剧内容审核员的负面情绪。问题经过精心设计，旨在让审核员讲出对于他们的工作和生活来说最重要的事情。我渴望将审核工作的重要性以及审核员们的观察和洞见分享给更多的人。从内容审核员身上得到的经验性研究，以及我后面的分析和思考，构成了本书的主要内容。

随着时间的推移，我的研究和结论也有了一些调整和演变，本书的多重主旨也同样如此。阿德·布洛克（Aad Blok）在《信息革命时期的劳动，1750—2000》（*Uncovering Labour in Information Revolutions, 1750–2000*）的导言中讲过，许多有关信息通信技术的发展与变革的学术研究，都忽视了同时期劳动方式的演变。他进一步提到："在劳动方面，研究者把绝大部分精力放在了发明家、革新者和系统构建者所做的高度专业化的'知识性工作'上面。"[7]本书旨在填补以往对商业性内容审核员的忽视，把他们的贡献摆在与其他那些更广为人知、更受推崇的知识性工作同等重要的位置。人们对于数字技术愈发依赖，由此催生了很多新型的劳动形式，随着许多重要的研究成果不断出现，有关这些劳动形式的研究文献也得到了极大丰富。

后面我会讲到，这种审核工作能够揭示互联网的现状，以及互联网到底在做些什么。实际上，如果说本书有什么中心论点，那就是我认为任何关于当代互联网性质的讨论都绕不开以下问题：用户创建的哪些内容是允许保留的？哪些要删除？由谁来决定？决定是怎样做出来的？谁是这些决定的受益者？缺少了这些问题的讨论必然是不完整的。接受访谈的内容审核员认为，他们的工作对于当代社交媒体环境的形成非常重要。而作为用户，我们理所当然地接受了这样的环境，认为其中的内容一定是设计好的，因为它们是经过严格审查、有内在价值的"优质"内容。审核员们则讲述了完全不同的故事，而他们的讲述往往体现出矛盾：审核员们殚精竭虑地遏制不良的、令人反感的、非法的内容传播，但他们也知道，自己所接触到的内容只是冰山一角，社交媒体上还有数以亿计的可变现视频、图片、直播，而正是这些内容让我们相互联结，并最终成为广告商的目标对象。

机器中的幽灵：数字系统中的人为痕迹

大众在接触社交媒体平台以及平台所汇集、传播的用户生成内容时，忽视了某些东西。这些平台多年来都在兜售一种主流看法，即平台为民主、自由的表达扫清了障碍。还有一种更新的观点认为，"Web 2.0"①和社交媒体平台为用户提供了单向的创作机会，用户可以直接将内容通过平台传播出去［参考 YouTube 断断续续使用过的口号"播出自己"（Broadcast Yourself）］。但是，商业性内容审核员和审核机制的存在，无疑对这种理解构成了挑战。

---

① Web 2.0 又称参与式网络或社交网络，不同于 Web 1.0 只能被动地浏览内容，Web 2.0 以用户为中心，强调易用性、交互性和兼容性，典型例子有社交媒体网站、视频分享网站、博客等。

终端用户认为自己与社交平台的关系很简单，他们只要上传内容，内容就会传播到全世界。但事实上，这些内容需要经过一个中间机制的处理，这个机制涉及一系列行为、政策和工作者，这些工作者的工作流程、动机和从属机构乃至其存在本身都是难以察觉的，用户在点击"上传"时并不会想到他们。

但假如这个中间机制被曝光了，人们会对哪些事情进行重新评价？有哪些活动值得我们以批判性的眼光去发掘其中存在的人类价值观和人类行为？发掘出它们又会如何影响我们对这种活动的认知？萨菲娅·U.诺布尔在她的著作《压迫性算法》（*Algorithms of Oppression*）中阐述了谷歌搜索功能如何构建了对性别、性向和种族的有害表述。[8] 米丽娅姆·斯威尼（Miriam Sweeney）探讨了在智能助理（或者说拟人化的虚拟助理，简称AVAs）的设计过程中的人为干预以及内嵌的价值体系。[9] 雷娜·比文斯（Rena Bivens）在为期十年的研究中记录了Facebook二元性别选项的影响，及其在性别表达和性别选择上的衍生影响。[10] 这些平台到底反映了谁的价值观？这些工具和系统所描绘出来的是哪一类人？他们是怎么描绘出来的？目的是什么？

为了探究和揭示数字技术中的政治和人文因素，有些人试图从艺术、行动主义和学术研究的交汇点批判性地切入，安德鲁·诺曼·威尔逊（Andrew Norman Wilson）就是其中一员。通过曝光谷歌图书（Google Book）人工扫描员的工作，揭示了数字化流程中的人为痕迹。他曾经是谷歌聘用的摄像师，他注意到在加利福尼亚州山景城（Mountain View）的谷歌园区里，有一座大楼的员工每天上下班的时间点很奇怪，与其他员工都不一样。后来他得知，这些人是负责扫描数百万张图书页面的合同工①。这个庞大的书籍数字化项目直到它最后的生产就绪 (production-ready) 版本，都没有显示出任何人为的痕迹。威尔逊继续深入调查，发现这些扫描员的工作条件和地位远不如其他谷歌员工。此时谷歌解雇了他，还试图没收他为扫描员拍下的视频。这段视频后来被命名为《工人离开谷歌园区》（*Workers Leaving the Googleplex*），以此向卢米埃尔兄弟在 1895 年拍摄的经典纪录片《工人离开里昂的卢米埃尔工厂》（*Workers Leaving the Lumière Factory*）致敬。[11] 由此，威尔逊将谷歌园区图书扫描员的地位和工作条件与那些工厂工人直接联系了起来，这与谷歌工作给人的通常印象形成了鲜明对比。

　　这种无论是字面意义还是抽象意义上对人为痕迹的抹去都非常值得关注的。我们必须时常发问，这种做法符合谁的利益？谷歌图书扫描员留下的痕迹被记录下来，当做一种现成物艺术②予以展示。除了威尔逊的作品之外，一位罗得岛设计学院艺术硕士所创建的一个 Tumblr③ 博客也关注了这一题材，这个博客广受好评，甚至得到了美国高雅文化主阵地《纽约客》（*New Yorker*）的赞赏。[12] 这个 Tumblr 博客搜集了谷歌图书中既有趣又引人思考的扫描错误，

---

　　① 合同工（contracted worker/contractor）指公司的非正式员工，包括临时员工、短期员工、兼职员工等等，通常由第三方公司派遣，与此对应的是与公司本身签订长期稳定合同的全职正式员工。

　　② 现成物艺术指利用现成的日常物品，不改变其物质和外貌所形成的一种艺术品，比如杜尚（Marcel Duchamp）的名作《泉》（Fountain）。

　　③ Tumblr 创立于 2007 年，是一个介于传统博客和微博之间的轻博客社交网络平台。

比如意外扫描进去的手指、页面边缘的笔记，以及扫描错误新形成的文字排列。[13]

不过，威尔逊的作品和这个 Tumblr 博客在我们视为自动化流程的背后所找到的人为痕迹仍然太少。我们仍然不知道是谁在怎样的条件下留下了这些痕迹。

结语

作为个体，或者往大的方面说，作为社会的一分子，我们正在将前所未有的控制权交给私营企业；这些企业觉得，公开它们的技术、组织架构、行为方式和财务状况既没有必要，也无利可图。我们很难（甚至不可能）深入了解这些为我们提供关键信息服务的公司，并追究它们的责任。我们几乎从来都不知道，也不可能知道它们的所有业务范围、对待用户数据和内容的方式，以及处理内容的员工。由于这种不透明性和不可控性，社交媒体平台和信息系统等数字站点仿佛披上了一层神谕般的神秘面纱，正如亚历山大·哈拉韦（Alexander Halavais）所言，它们成了一种"信仰的对象"[14]。

但技术从来都不是中立的，也不是"先天"为善或者没有影响的。恰恰相反，它们作为一种社会技术建构，必定会反映创始人的想法。同时，它们创立的目的是服务某些东西或者某些人，无论其创立初衷就是如此，还是后期在适应和抗拒过程中演变成这样的。因此我们可以继续追问下去：谁会为此受益？这些技术的使用和普及，对于权力的积累和扩张、文化涵化（acculturation）、边缘化（marginalization）和资本来说，会产生怎样的影响？例如我们知道，在技术发展史上，女性遭到了系统性的排斥。正如历史学家马尔·希克斯（Mar Hicks）在她的文章中所说的，在英国，从事计算机编程工作的女性被刻意打压，导致英国在全球计算机产业的崛起中落伍。[15] 韦努斯·格林（Venus Green）和梅利莎·维拉-尼古拉斯（Melissa Villa-Nicholas）也指出，美国电报电话公司（AT&T）系统性地歧视女性和少数族裔，打击了新兴的黑人和拉丁裔劳动力，使得许多早期的科技工作者无法在通信、计算机和技术领域从事有价值的长期职业。[16]

社交媒体平台、数字协议和计算机架构都是人类建构和追求的产物，包含着人类的选择，也反映了人类的价值观。媒介学者列夫·马诺维奇（Lev Manovich）指出："在我们使用软件和其中内嵌的操作（operations）时，这些操作就成为我们理解自身、他人和世界的一部分。处理计算机数据的策略就会成为我们普遍的认知策略。同时，软件设计和人机交互反映了一种更宏大的社会逻辑、意识形态和对当代社会的想象。因此，如果我们发现某些特定操作主导了软件程序，那么它们很可能在整个文化中也发挥着作用。"[17]

许多学者和活动人士（比如本书引述和讨论过的那些人）付出大量脑力劳动，写下大量作品来质疑那些使数字系统不透明、使信息成为商品的行为和政策。但是，他们对于数字系统中的人类工作者所知甚少。毕竟，活动人士、学者和用户只能讨论他们能够看到、知道或者至少能想象到、接触到的事物。本章之所以介绍了与商业性内容审核相关的一系列广泛问题，也是旨在为读者们勾勒出当代互联网的状况，包括它的历史、用途和缺陷。互联网之所以能成为本书所描述的样子，商业性内容审核员是其中的重要中介。他们（通常是秘密地）干预并裁决社交媒体平台上的用户生成内容，以便创造更加舒适宜人、便于使用、令人向往的网络空间。他们从事这份工作是为了获得报酬，虽然用户体验也许会得到提升，但他们最终是为雇主的目标和利益服务，因为对于那些提供在线参与空间的公司来说，更好的用户体验就意味着更高的营收。

第二章　理解商业性内容审核

正如我们所见，商业性内容审核是对网站、社交媒体和其他在线空间的用户生成内容进行审核的有组织行为。审核工作可能在内容发布之前进行，也可能在内容发布之后，用户的投诉[①]尤其会触发平台的内容审核机制，引发职业审核员介入。投诉可能来自第三方的网站审核员和管理员（比如有些公司声称该内容涉嫌侵权），或者来自不堪其扰的其他用户。[1]

对于需要通过用户生成内容来维系在线业务的商业性网站、社交媒体平台和媒体来说，商业性内容审核是它们生产周期中关键一环。内容审核对于需要这项服务的公司来说至关重要，它可以（通过强制用户遵守网站规则）保护公司和平台的品牌，确保公司的运营符合法律法规的规定，帮助公司留住愿意在平台上浏览和上传内容的用户。

不过，处理这些内容的过程往往只能说是马马虎虎。在许多高流量网站上，用户生成内容的数量非常惊人，而且还在持续增长。撇开规模不谈，对用户生成内容进行恰当筛选的过程就非常

---

① 这一行为被称为举报（flagging）。

复杂，远远超出了软件和算法的能力。这不仅是个技术或计算的问题，杰弗里·鲍克（Geoffrey Bowker）和苏珊·利·斯塔尔（Susan Leigh Star）等学者已经对信息分类排序的发展史做了出色的研究，由于信息分类的理论难题长时间没得到解决，如此大规模的内容审核仍然是个挑战。[2] 困难的地方在于，一条内容的基本信息（它是什么，它描述的是什么）、意图（它的出现和传播有何目的）、无意中的后果（除了最初的意图之外，它还会造成哪些后果）、意义（在不同的文化、地区和其他因素下，意义会有很大差异）都交织在一起，同时还要用各种"规则"去衡量它，包括平台规则和当地情况（社交规范、期望和容忍度等），还要考虑更广大开放世界中的社会、文化、商业、法律制度和行政命令等因素。

有些内容适合进行局部批量处理，或者通过其他自动化手段过滤，尤其是那些已经出现过、在数据库中被标记为不良的内容。但这个过程非常复杂，需要同时兼顾和平衡的因素太多，因此，绝大部分由用户上传的内容还是需要人工干预才能得到恰当的甄别，特别是包含视频和图片的内容。人工审核员要运用一系列高级的认知功能和文化素养来判断内容是否适合这个网站或平台。重要的是，大多数依赖用户参与的主流社交媒体平台一般都不会在内容发布之前进行严格的审核，这意味着除个别情况外，对于特定视频、图片和文本的审核都是在它们发布到平台一段时间后才进行的。这是社交媒体公司自己制定的商业决策，与技术和其他因素无关，用户也已经习惯了这种做法。

职业审核员需要熟知网站目标用户群的品味，了解平台和用户所在地的文化。审核员工作的地点可能离平台总部或用户所在地非常遥远，地区间的文化差异可能也很大。审核员必须通晓网站内容的语种（可能是审核员学过的外语或第二语言），精通平台发源地国家的相关法律，熟悉用户守则和平台上极其详细的内容发布规则。

一个 YouTube 网页的局部截图，它介绍了禁止用户上传的内容，从中我们可以了解哪些视频是商业性内容审核员必须删除的。这些规则多年来不断变化。截图的时间是 2017 年 7 月，其中呼吁用户运用"常识"来避免"越界"。YouTube 在这里宣称它禁止血腥暴力内容和侵权内容，并特别说明前者只在"新闻和纪录片"里确有必要时才能出现。

　　对于那些违反网站规则或法律的内容，审核员可以做出快速简单的判断。他们可以运用一些计算机工具对用户生成内容进行大规模处理，比如运用文本屏蔽词自动搜索工具来搜索违禁词（常见于对文字评论区的审核），通过"皮肤过滤器"（skin filters）识别图片和视频中的大面积裸体来判定色情内容（尽管不一定都准确），或者使用一些工具来匹配、标记和删除侵权内容。[3] 这些工具能够加快整个流程，甚至自动完成审核任务，但大部分用户生成内容还是需要进行人工审核评估，尤其是被其他用户举报的内容。

对图片和视频来说，机器自动检测仍然是个极其复杂的计算问题。"计算机视觉"（computer vision），即计算机对图像和物体的识别，仍在发展、充满技术挑战，要想把它大规模全面运用在众多的内容审核场景当中，在技术和资金上还不可行。[4] 因此，这些工作只能由人力完成，由审核员运用他们自己的决策流程处理一批批的数字内容，并在有必要时进行干预。

无论审核内容的主体是机器、人类还是两者的结合，人们在使用依赖用户生成内容的社交媒体、网站和服务时，往往对这种有组织的职业化全职工作所知甚少。许多依靠用户生成内容来营利的社交媒体和其他平台都把内部审核活动和政策细节当做专有信息（proprietary information）来保护。在它们看来，完全披露这些政策的真实性质，可能会导致不怀好意的用户钻空子，或者被竞争对手曝光这些被视为机密的行为和流程，从而取得竞争优势。将这些政策保持在内部秘密状态，也可以让它们免受用户、民间活动人士和监管者的监督和讨论。事实上，内容审核员往往要签署保密协议，不能泄露工作的内容。

对于这些依赖用户生成内容的公司来说，至少还有一个原因使得它们不愿意公开其内容审核活动。它们对于大规模、产业化的内容审核的依赖是一种无奈之举，如果这种需求被人们知晓并完全掌握，平台的阴暗面就有可能暴露，即用户会利用它们的分发机制来传播令人反感和不适的内容，而大多数主流平台都不愿意给公众留下这种印象。因此它们会雇佣商业性内容审核员来从事机械重复的工作，观看暴力、令人不适甚至会造成心理伤害的内容。另外，现有行业体制几乎完全被有商业性内容审核需求的社交媒体公司所支配，在这种体制下，审核员的地位和薪酬通常比较低，比其他科技工作者，甚至是同一座大楼里的工作者都要低。

　　商业性内容审核员的工作条件以及平台对他们的依赖，构成了并不光彩的幕后图景，很少有社交媒体公司、平台和网站愿意公开讨论它。美国全国公共广播电台（NPR）《万事皆晓》（*All Things Considered*）节目的记者丽贝卡·赫舍（Rebecca Hersher）在早年调查这种规模化的内容审核工作时曾试图采访微软和谷歌的审核员，却遭到了拒绝。在她 2013 年的报道《阻止儿童色情内容的幕后工作者》（*Laboring in the Shadows to Keep the Web Free of Child Porn*）中，一位微软方面的发言人轻描淡写地将内容审核工作称为"脏活"。[5]

　　要理解商业性内容审核，我们就必须了解这项工作是在哪里、由哪些人、以何种方式进行的。社交媒体内容审核是"分析性工作"（analytical work）生产周期的一部分，迈克尔·哈尔特（Michael Hardt）和安东尼奥·内格里（Antonio Negri）认为分析性工作"创造了无形的产品，如知识、信息、通信、一段关系或者一次情感的回应"。[6]在全球互联的环境下，这种社交媒体内容的生产又反过来受到数字网络的推动，媒介学者米歇尔·罗迪诺-科洛奇诺（Michelle Rodino-Colocino）将它称为"科技游牧式的生产"。[7]

　　我在研究规模化的社交媒体审核工作时，最早的一个重要发现是这项工作在组织和地理上呈零散状态，即使是业内人士，也不一定知道或者理解这一点。据我所知，全球各地的商业性内容审核工作有多种不同的运作模式、就业状况和工作环境，而这些通常是人为设定的。审核员的工作地点通常离内容生成地比较远，离内容储存地也比较远。他们的职位头衔多种多样，有"内容审核员""审查员""社群管理员"等，还有一些其他隐晦、花哨的名称，有些名称根本看不出具体的工作内容，也看不出他们与同行的关系。事实上，就连审核员自己也很难只通过职位头衔来辨别同行。商业性内容审核员的职位头衔如此多样，办公地点又如此分散，研究者、记者和劳工组织都难以找到或辨别他们。不过，朱莉娅·安格温（Julia Angwin）、奥利维娅·索伦（Olivia Solon）和戴维·阿尔巴（Davey Alba）等记者通过不懈的努力克服了障碍，对 Facebook 和谷歌这类公司的审核活动和相关组织架构进行了报道。[8]

　　商业性内容审核横跨多个行业，办公地点和工作方式多样化，无法简单加以概括。在不同的办公地点和工作条件下，审核员的就业状况，以及他们与有审核需求的平台和公司之间的关系也各不相同。比方说，艾奥瓦州 Caleris 公司的员工们日常办公的地点实际上是一个第三方呼叫中心。我跟踪数字和信息领域的招聘信息和劳动力市场时，发现那些从事商业性内容审核的员工分散在全球各地，比如印度、爱尔兰、菲律宾等地。在之后的研究里，我接触到了在 MegaTech 总部工作的员工。我也在像 MTurk[①] 这样的零工平台上找到了招聘信息，它们招聘从事"内容复核任务"（content review task）的员工，这是商业性内容审核的另一个叫法。这个行业复杂多样，需要从理论和地理两方面进行一番梳理。

---

　　① 即 Amazon Mechanical Turk，亚马逊土耳其机器人，简称 MTurk，亚马逊开发的一个众包平台，发布者可以在这个平台上发布任务（MTurk 上称其为 Human Intelligence Task，即后文提到的"人工智慧任务"），招聘能够完成任务的工作者并付酬。MTurk 也是当今世界最著名的众包平台之一。

为了理清这些复杂的结构和关系，我对审核员的工作地点和就业状况进行了分类，其中涵盖了大部分内容审核员的情况（见表格1）。我将他们的工作模式分为四种：在科技公司内部工作、为小型专业公司工作、在呼叫中心工作，以及通过零工平台工作。

表格1：网络内容审核员的四种工作模式

工作模式	工作地点	工作特征	就业形式
在科技公司内部工作	需要审核用户生成内容的公司内部	员工专注于某个特定网站、品牌或平台的内容审核工作，薪酬通常比其他类型的审核员要高，但地位仍然比不上永久性的全职正式员工。如果公司内部设有"信任与安全""社群运营"这些部门，他们很可能就在其中	各式各样，从全职正式员工到第三方派遣的短期或兼职合同工都有，领固定薪水或者时薪
为小型专业公司工作	各式各样，可能在公司内部工作，也可能由分散在全球各地的合同工完成审核工作，一家小型专业公司可能会同时雇佣这两种员工	小型专业公司擅长为客户提供在线品牌管理服务，它们在管理方面是专业的，精通客户在线业务的方方面面。它们的客户通常不是数字媒体公司	各式各样，有的是公司聘请的永久性全职员工，有的是以单份工作计价的合同工

（续上表）

工作模式	工作地点	工作特征	就业形式
在呼叫中心工作	大规模的运营中心，拥有完善的技术基础设施，能够同时处理多个跨国客户或服务合同，提供多种服务。通常是7天24小时全天候运作	第三方公司提供一系列服务（业务流程外包），审核用户生成内容只是众多呼叫中心和客服业务中的一种。这些公司分散在全世界，菲律宾是当今的呼叫中心之都	呼叫中心根据所需技能进行招聘，并想方设法从大客户手中争取合同或者次级合同。工作条件和薪酬水平在全球不同地点有所差异。在美国，呼叫中心工作通常是薪酬较低的时薪工作
通过零工平台工作	全球各地，在线办公	地理上很分散，员工与员工之间、员工与有审核需求的公司之间相互隔离，缺乏联系。员工可以在一天之内的任意时间点工作，工作地点也随意，只要能够登录零工平台即可	员工与雇主的关系是以每项任务为基础的，审核工作被分解成最小的单元，通常以每份文件为单位。员工每审核一份文件就能获得相应的报酬，通常以美分计价。这种方式叫做"数字计件工作"（digital piecework）。审核员一般不会清楚地知道他们的雇主信息，不知道是为哪一个平台工作，以及审核的目的是什么

　　第一种工作模式是在科技公司内部工作，"内部"（in house）这个概念在网络内容审核的语境中稍显复杂，因为内部员工之间也有不同的就业形式，他们与有审核需求的公司和平台之间的关系也各不相同，有全职正式员工，也有短期员工。例如，有些审核员在公司的办公地点（比如公司总部或者公司具有产权的建筑）与其他员工一起办公，但他们不属于公司的全职员工，而可能是"临时工"或者"合同工"，招聘他们的是有内容审核

需求的平台，他们只能工作一段时间，合同期满后也不一定能留下。

另一种"内部"员工是这样的：他们在有审核需求的公司工作，但相关的招聘、管理和薪酬发放都由一家或多家第三方外包公司来执行。这种用人模式在信息技术领域的低级、入门级岗位以及设有固定期限的岗位中很常见，许多内容审核职位都属于这种岗位。[9]"内部"审核员的主要特征是，他们工作的地方就在审核内容最终流入的平台和公司。不过，仅仅通过他们的工作地点很难推断出他们的就业形式。科技公司内部的商业性内容审核员很可能在"信任与安全""社群运营"这样的部门办公，Facebook、Twitter、Youtube、Snap 等公司都有这样的部门。

第二种工作模式是为小型专业公司工作，这类公司专门为客户进行社交媒体品牌管理，具体来说就是内容审核。它们熟悉客户在线业务的方方面面，能够运用专业手段进行管理，客户通常都不是数字媒体公司或科技公司。这些客户本身并不擅长运营社交媒体，也不太依靠用户生成内容的创作和传播来维持业务，但它们会设置一些功能（比如评论区、图片上传）来征集一些用户生成内容，提升目标人群和大众的参与度和忠诚度。这些内容也需要进行监督、管理和审核。

近年来，提供这类专业服务的公司包括总部位于英国的eModeration 公司 ①，以及总部位于加利福尼亚州、高度流程化的ModSquad 公司。这些公司会在多个平台和网站上为客户维护品牌

---

① 如今已改名为社会元素公司（The Social Element）。

形象，包括公司官网、Twitter 账户和 Facebook 页面等。[10] 在许多情形下，它们不仅会为客户审核并精选用户生成内容，还会参与到"社群管理"之中，比如发表评论、发布推文或者积极与消费者对话互动，宣传客户的品牌和产品。在第四章我详细介绍了这类公司的一个范例——OnlineExperts 公司。

第三种工作模式是在呼叫中心工作，这些第三方公司为客户提供一系列服务（通常称为业务流程外包服务），审核用户生成内容只是其中的一项次要业务，排在呼叫中心和其他客服业务之后。这些公司的优势在于技术先进，有能力处理来自全球的大量语音通话和数据传输，因此它们能够以较高的效率轻松完成客户交给它们的内容审核工作。这些呼叫中心分布在全球各地，除了菲律宾以外，在印度、孟加拉国和其他地区（包括美国、爱尔兰和意大利）也有很多。[11] 它们拥有一批通晓多种语言和多种文化的员工队伍，他们在呼叫中心坐班，能够 7 天 24 小时不间断地对全球客户的需求做出响应。由于客户是西方企业，如果员工具备优秀的文化语言素养，那些位于西方以外地区的呼叫中心就能提供更好的服务，在同类公司中脱颖而出。员工在呼叫中心工作时需要遵守客户的语言规范和文化规范，这些规范经常会与他们的本土语言文化规范相冲突。在这种情形下，一位员工的工作质量就取决于他在多语言能力和跨文化交际能力上的高低。[12]

第四种也是最后一种工作模式，是通过零工平台工作。内容审核这种数字计件工作在全球性的零工平台网络中是增长较快的工种。这些数字劳动市场在有需求的雇主和想要打零工的求职者之间建立联系。人们可以在诸如 Upwork（旧称为 oDesk）和 MTurk

这样的平台上寻找知识性工作，只要有电脑上网，能够竞标并完成工作即可。[13] MTurk 是亚马逊所有和运营的平台，主要提供一些零碎的工作（用平台的话说就是"人工智慧任务"），这些工作很难靠计算机完成，比如内容审核工作。平台网站上有这样一段话，显示了它对平台潜在工作者的看法：

> MTurk 的创立基于这样的理念：人类在很多事情上仍然能做得比计算机更有效率，比如辨认图片和视频中的物体、删除重复数据、将录音转写成文字、挖掘数据细节。这类工作通常由一支庞大的临时工队伍完成（这样做比较耗时、昂贵且难以扩大规模），或者干脆放任不管。[14]

在内容审核员的所有工作模式中，通过零工平台工作是最没有组织和联系的一种模式，它的工作内容、工作环境和薪酬等也是最没有保障的。在这种工作模式下，他们可能是所有内容审核员当中最分散、最缺乏联系的一群人。他们的任务被分解成最小的单元，比如审核一张图片就构成一项任务。对这张图片进行商业性内容审核，所得到的报酬低至一美分。[15] 员工的地位得不到任何公司的正式承认，他们没有固定的薪水，没有时薪，也没有福利。为了积累报酬，他们只能做尽量多的任务。[16] 这实际上就是一种数字计件工作，一种零工工作。有学者对此进行了广泛的讨论，比如莉莉·艾拉尼（Lily Irani）、艾汉·艾泰斯（Ayhan Aytes）、西克斯·西尔贝曼（Six Silberman）和杰米·伍德科克（Jamie Woodcock）等。[17]

商业性内容审核工作能够在零工平台（比如 MTurk）上找到。在这张2011 年 10 月份的截图中，招聘信息旁边写有告诫："员工有保密义务。"员工的具体任务是审核潜在的"带有攻击性"的材料或者"可能包含成人内容"的图片，每审核一份文件的报酬是一美分。

在研究过程中，我发现有内容审核需求的公司通常会同时采用以上多种方式来雇佣员工，将员工安排在全球多个地点。比如说，它们可能会在公司总部保留一些内部合同工，由外包公司负责管理和薪酬发放。这支内部审核团队可能会与菲律宾马尼拉或者印度古尔加翁（Gurgaon）等地的呼叫中心团队合作，将一些子领域的内容分派给后者审核。某个公司可能会聘请一个小型专业公司统一管理它的社交媒体品牌形象，包括审查用户上传的评论，或者在一些像 Upwork 和 MTurk 这样的零工平台上招募员工，将用户生成的海量内容一份份地分包处理。大型企业可能会同时采用以上所有招聘手段和用工方式，来满足它们对用户生成内容的审核需求，同时严格控制好预算，时刻关注需要审核的大量材料，尽量减少内容审核方面的人工支出和技术支出。

　　开始对美国的商业性内容审核员进行访谈后，我更加确信平台采用这种混合用工策略。一位曾在硅谷 MegaTech 公司内部从事审核工作的受访者说："当我们下班时，印度的团队就会上线。"我问他如何看待自己和这些员工的身份，是公司的正式员工还是合同工，他说："合同工。"因此，尽管 MegaTech 公司的这些员工算是"内部"员工，但他们也只是合同工，由第三方外包公司支付薪酬。不过，他们认为自己与印度的审核员完全不同，那些人清一色都是在呼叫中心工作的合同工，工作地点离 MegaTech 很远。这只是混合用工策略的一个例子。那些拥有全球用户群的网站和平台需要依靠这种方式来满足它们大规模、全天候的内容审核需求，同时节省审核开支，并由此引入了一种复杂的分层组织结构和汇报层级。社交媒体平台采用混合用工策略的另外一个原因是，审核工作所需的语言文化能力只在某些地方才比较充足，因此对于提供内容审核服务的第三方公司而言，它们的地理位置和员工技能是决定自身服务竞争力的重要因素。

　　无论采用哪种用工方式和策略，在各个层面、在所有审核用户生成内容的地方都有一些共同的特征。审核工作通常由半永久或临时的合同工完成，他们的薪酬和地位都比较低。商业性内容审核是一个全球性的产业和实践，这些工作通常会被拿到离内容创作或到达的地方（通常是某个国家或地区）很远的地方来处理。人们最初曾经乐观地设想，新型的技术性知识工作能够为参与其中的各类工作者提供更高质量的工作和生活、更丰富的人生和更多的休闲时间，而内容审核也正好符合这种设想。但是，商业性内容审核的工作环境并没有人们想象中的那么美好，它除了需要大量的劳动力之外，并不需要特别高的技能，因为这只是一份重复性的无聊工作。随着社交媒体公司在全球范围内招募那些愿意从事数字计件工作的劳动者，审核员的薪酬甚至进一步降低了。由此看来，在线内容审核更像是在经历一种反乌托邦式的、由技术进步导致的恶性竞争。例如，在 MTurk 上面接任务的大部分劳动者已经换成了印度人，他们愿意领着两美元以下的时薪从事兼职或者全职工作。[18]

　　无论在什么环境下从事商业性内容审核工作，审核员都有可能发现，这并不是他曾经为之接受培训、准备和学习过的工作。在看到招聘信息、被人力派遣公司招揽、被他人以更加间接迂回的方式联系上时，大部分商业性内容审核员都没有听说过这种工作。即使在首次面试之后，他们可能仍然没有充分了解这份工作的性质，毕竟它出现的时间还很短。

"后工业社会"的知识劳动简史

　　1973 年，冷战和越战还没有结束，这两者都促进了科学和技术的发展。在这个背景下，社会学家丹尼尔·贝尔（Daniel Bell）发表了他的奠基之作《后工业社会的来临》（*The Coming of Post-Industrial Society*）。他在书中预测，社会经济范式将会发生剧烈的转变，会"改变西方社会的架构"，尤其是西方的经济结构、技术能力和职业体系。[19] 贝尔认为这一转变将会包含以下特征：经济重心将从商品或货物转向服务业，技术阶层（从事专业、科学和其他技术工作的人员，比如数据分析人员和工程师）将会崛起，技术变革的重要性和主导性将会加强。总而言之，贝尔预言，这些转变的结果是一个以服务业为基础、由技术推动的经济，人们会习惯于创造和分析新的知识，这种知识生产是后工业社会所喜闻乐见的，也是即将到来的社会经济结构中的重要部分。

在贝尔写这本书时，这些转变就已经开始了，他还"预测了"（forecasted，这是他喜欢用的术语）其他一些转变。这些转变意味着，由 19 世纪大规模工业化所奠定、一直延续到 20 世纪大部分时期的社会经济结构即将产生飞跃式的发展。在美国，20 世纪的生产场所通常是大批量生产有形商品的工厂。从组织上看，这些工厂通常采用垂直管理模式，用泰勒制管理工人，所有的工人都是长期雇员，大多在生产线上工作。这种组织和生产模式通常被称为"福特制"，这个术语来自汽车制造商福特公司，它对流水线进行了创新，发明了许多提高生产效率的方法。贝尔在他对后工业时代的描述和预测中得出结论：工业时代在程序化、机械化以及其他提高生产效率的科学管理方法上的不懈创新，都将在他预测的社会经济结构转变中保留下来，并且发扬光大。

人们设想，这些转变将会导致工人的工作地点从工厂转移到办公室，工作效率提高，工作时长减少，工作质量提高，休闲时间增加。美国社会将进一步蓬勃发展，引领未来的产业创新。未来的经济基础将不再是有形商品的生产，而是科学和技术的革新。随着知识生产逐渐成为工作者最重要的产出，以大规模有形商品生产为基础的工业社会将会逐步转变成以信息生产和信息商品化为基础的后工业社会。

事实上，从 20 世纪 70 年代到 80 年代中后期，贝尔的许多（但并非所有）预测都成了现实。大规模的商品生产在美国逐渐走弱，科学和技术新领域的创新层出不穷、前所未有。硅谷就在那个时候经历了第一个重要的繁荣时期。1976 年，后来成为科技企业家的马克·波拉特（Marc Porat）发表了一篇很有影响力的毕业论文，开头写道："我们正处于信息经济当中。超过一半的雇员薪酬和将近一半的国内生产总值都来自信息商品和信息服务的生产、处理和分发。"他还说，早在 1967 年，"超过一半的劳动收入（都是）由那些主要从事信息工作的劳动者赚取的"。[20]

与此同时，其他学者也开始对当代社会经济结构和信息通信技术（ICT）的发展进行深入的批判性分析，很多人都批判贝尔的乐观看法。[21] 社会学家曼努埃尔·卡斯特利斯（Manuel Castells）完善了他的 "网络社会" 理论，他认为，网络社会的经济由信息驱动，时空被压缩成一个 "流动空间"（space of flows），组织和劳动的结构将变得更加灵活多变，更加容易进行重新配置，类似于相互联系的节点，而非工业时代工厂车间里自上而下的结构。[22] 得益于全球网络连接和由数据驱动的计算能力，这样的组织超越了地理边界，克服了传统的工作日安排，成为一种全球性的网络化组织，可以在多个时区不间断地运作。

但是，这种后工业社会的新型网络结构并没有使所有人受益。恰恰相反，在让一些人欢呼雀跃的同时，它也将社会不平等强加给另一些人，甚至制造了新的不平等，尤其是它可能会以牺牲公共利益为代价，满足私营企业的利益。因此，卡斯特利斯对于后工业时代的网络社会提出了批评，他告诫人们，这种由时空压缩导致的地理空间重组将会产生新的不公平。他提出了"第四世界"
（Fourth World）的概念，这是一个新型空间，由全球多个相互联
系的地区组成，它们的共同之处并不是地理位置相近，或者导致
社会欠发达的历史原因相似（比如像很多第三世界国家一样被殖
民过或者被掠夺过资源），而是它们都被排斥在网络社会之外。[23]
美国国家电信和信息管理局（National Telecommunications and
Information Administration）在 1995 年发布的一项著名研究中，
揭示了美国的"数字鸿沟"现象，鲜明地体现了人们对于这种在
全球网络社会中被排斥在外的现象的担忧。[24] 从 20 世纪 90 年代到
21 世纪初，学者们对于信息鸿沟的本质和特征进行了持续的研究，
考察了全球不同的经济区域，试图减轻它的有害影响。[25] 一些传
播政治经济学[①] 领域的学者如赫伯特·席勒（Herbert Schiller）和
丹·席勒（Dan Schiller）认为，"数字鸿沟"只是更大层面上的
社会经济鸿沟的一种表现：一方面，获取信息和计算机技术的途
径比较缺乏，另一方面，少数大型公司对它们掌握的东西具有绝对
控制权，这两方面的因素共同造成了资本主义无法弥合的分裂。[26]

　　当贝尔、卡斯特利斯和其他学者描述的转变发生之时，世界
经济的特征也在发生重大改变。急剧扩张的全球化市场跨越了传
统的国家和地理边界。金融信息和金融交易能够迅速在全球流动，
对全球范围内的市场变化做出快速反应，并且能够通过日益复杂
的机器辅助手段进行分析和重新配置。因此，美国和英国等主要

---

　　① 传播学的一个分支，关注传播作为一种经济力量对社会的影响，以及社
会政治、经济权力机构对传播活动的控制。

西方国家的政府都越来越依靠以往并不入流的经济政策——供给端经济学，主张减少市场准入和市场扩张方面的监管和障碍。由数据和信息驱动的金融服务部门也在投资银行、偿债放贷、投机等方面取得了大规模的发展。[27]

这些部门在过去40年间取得了巨大的收益，这离不开后工业时代以及网络社会结构的各种特征。但是，这些部门参与的无形商品交易，以及从交易中产生的财富很难进行平等的分配。更确切地说，它们只对世界上极少数地区的极少数人有利。尤其是金融市场的数字化，导致了法律学者弗兰克·帕斯奎尔（Frank Pasquale）所说的"黑箱社会"（black box society），这种社会的内部运作方式无法被大多数人获知，监管的难度将会越来越大。[28]这些数字市场也高度脆弱，很容易被操纵，尤其是在过去几年间，整个股市以及其他无形的"金融产品"都大幅度贬值，甚至完全崩盘了。

工作的新本质：数字时代的知识劳动

在刚刚提出后工业社会/网络社会/知识社会理论的时候，人们就注意到了它的一个主要特征：劳动被重新组合成一种灵活的、分散在全球各地的新型实践。有人认为它可以将工人从流水线上解放出来，另一些人则批评它不会比过去的劳动形式更好。[29]这种重新组合的基础包括网络化信息的全球流动、分散式工作场所组织模式的流行，以及人们对于无形分析性工作的重视。

但在某些情况下，后工业时代的劳工地位和工作条件反而会比以前更糟。由于时空的加速和压缩，以及连接劳动力市场和劳动者的全球性网络的出现，许多行业的工作都被分解成最小的单元，再在全球市场上分派给出价最低的劳动者。学者已经证明，就像 MTurk 上面的"人工智慧任务"一样，这种零碎的工作以及其他平台型零工带有很强的种族剥削和性别剥削性质。[30]在大多数情况下，由于工作被电子化和数字化了，这些功能以及随之而来的剥削性质变得更加严重了。那么，知识劳动（knowledge labor）和后工业社会的劳动会是什么样子？

A. 阿尼什（A. Aneesh）在他的著作《虚拟迁徙》（*Virtual Migration*）中阐述了大量关于印度计算机程序员在后工业时代所处的工作场所和组织的见解。他说："主流的劳动形式越来越不需要操纵和改变有形物体。事实上，编程使得劳动形式变得无比灵活，各种不同形式的工作……都被转化成可以在网络上流动的代码……在代码和资本的联姻下，劳动场所逐渐转移到一个以代码为基础的跨国空间里。"[31]理论家蒂齐亚娜·泰拉诺瓦（Tiziana Terranova）强调了从一件件有形商品的生产到网络化知识工作这一范式的转变，这种知识工作"是从持续的、不断更新的工作中产生价值……需要消耗极大的劳动量。单单创建一个好网站是不够的，你还要不断更新它，维持用户的兴趣，避免被淘汰。你还需要可升级的设备（'一般智力'[①]通常都是人和机器相结合），

---

① 泰拉诺瓦在这里引用的"一般智力"（general intellect）是马克思在《1857—1858 年经济学手稿》中提出的一个概念，曾在西方学界引起过广泛的讨论。

而这些设备的升级反过来是由程序员、设计师和工人的密集劳动所推动的"[32]。因此，新时代的工作具有循环、共生和自我永续的特征。泰拉诺瓦还指出，从工业时代到后工业时代有一个基本的转变，在工业时代，知识被用于制造机器，进而生产有形物品和其他产品，而在后工业时代，制造机器是为了帮助人们完成知识劳动。同样，次要的无形产业和无形劳动，比如商业性内容审核，也是为了帮助人们完成知识劳动。全世界的劳动力都在为这种新型工作添砖加瓦。

劳动的数字化和文化创造性知识劳动的主导地位产生了一些新现象，比如实际上可构成一种工作的娱乐/休闲活动的兴起。在很多时候，这些活动是没有报酬的（比如编纂维基百科词条，参与游戏测试，给用户进行标签分类，以及其他众包活动）。越来越多的知识工作看似（或者被包装成）休闲和娱乐活动。[33]以前的一些在线审核活动以及现在遵循同样模式的审核活动，比如 Reddit 网站上的志愿社群管理，都是这类活动的例子。

数字媒体批判研究领域的学者克里斯蒂安·富克斯（Christian Fuchs）对知识工作和知识工作者做出了进一步分析，揭示了"直接"工作者和"间接"工作者的细微差别和分层。富克斯认为："直接的知识工作者（包括公司内部员工、外包员工和自由职业者）……生产在市场上交易的知识商品和知识服务（比如软件、数据、统计、专业服务、咨询、广告、媒体内容、电影、音乐等），而间接的知识工作者……生产和再生产那些使资本和雇佣劳动得以维系的社会条件，比如教育、社会关系、情感、交际、性、家务、生活常识、自然资源、养育、看护等。"[34]在许多情形下，这种划分显示了这份工作通过薪酬和地位展现出来的社会经济评价。富克斯认为，无形的知识工作，包括直接和间接的工作，是全球资本主义的基本特征，它们"对信息、交际、社会关系、情感和信息通信技术进行生产和分配"。[35]

按照富克斯的分类，社交媒体用户生成内容的商业性内容审核或许既可以被归类为直接知识劳动，也可以被归类为间接知识劳动，又或许它可以被归类为第三种无形知识劳动。这种劳动包含了前两者的特征，是前两者的桥梁。它要求员工具备文化、社会和语言方面的专业能力，这些能力通常与直接的知识商品生产联系在一起，审核员需要运用这些能力，根据规则、社会规范和用户品味做出决策（从这些特征来看，商业性内容审核似乎是一种"直接"的知识劳动）。但他们并没有生产出新的知识、商品和服务，他们只是对别人创造的内容进行把关和综合处理，这项工作并不复杂，但很重要。这种再生产劳动可以被归类为富克斯所说的"间接"知识劳动。由此看来，内容审核这种对信息进行处理和评估的工作，与其他依赖类似技能但很少被认为需要专业技能的工作有着相似之处。

这些关于知识劳动的理论框架强调了劳动实践与范式所经历的许多重大转变，在以知识为基础的网络社会这一新型社会经济结构中，新型劳动范式已经产生，并且发挥着作用。但是，知识经济中的劳动并没有与工业时代的劳动完全脱节，它保留了工业时代的一些关键因素，这些因素由于网络化所催生的技术和行为而被延续了下来，并发扬光大。比如乌苏拉·胡斯（Ursula Huws）便指出，传统的呼叫中心（一个可用来对比的低级无形劳动场所）

"在许多方面都符合标准的'后工业时代'工作场所：工作由白领完成，需要运用大量知识，非常依赖信息通信技术……但它也体现了许多'工业时代'福特制生产的典型特征，包括泰勒制管理以及由机器和程序决定的工作节奏"。[36]

根据这些学者和其他理论家的定义，商业性内容审核员属于知识工作者，是数字网络经济下的技术产物，尽管他们与 20 世纪 90 年代末到 21 世纪头几年那些地位和薪酬较高、从事创造性工作的知识工作者不一样。[37]与 20 世纪末以前美国的主要经济活动和劳动方式——农业手工劳动和制造业工业生产相比，数字知识工作有一个明显的变化。知识劳动依赖的是工作者的文化素养和运用信息通信技术的能力，同时也越来越依赖平台内容储存地之外的地方提供大量通晓西方文化和美式英语的廉价劳动力（通常称为"外包"），他们能够通过数字网络与世界其他地方相连，就像那篇迅速引起我注意的《纽约时报》文章中所报道的 Caleris 员工那样。

全球化的知识劳动力：修辞和实践中的"外包"

知识劳动并不是数字时代出现的唯一一种劳动。恰好相反，以信息通信技术为基础的网络经济，还是要高度依赖重工业和制造业来满足在设备和基础设施方面的需求。在全球化进程和结构安排下，这种工业生产大多分散在全球各地（通常在全球南方），这样可以充分利用当地宽松的环境法和劳动法、可供开采的自然资源以及廉价的劳动力，同时也能让全世界的社会经济精英"眼不见心不烦"。[38]

这种安排使得后工业时代保持了其名称中所蕴涵的虚幻色彩，让西方人觉得 19 世纪喷煤烟的工厂和 20 世纪重复无聊的流水线工作已经成为过去，尽管事实上人们仍在从事对环境有害的工业活动。硅谷工运人士拉杰·贾亚德夫（Raj Jayadev）对这种奇特的集体短视评论道："大众对于信息时代有一种普遍的看法，他们假定技术是由某种神圣干预产生的，它们非常先进，以至于不需要实际的装配和制造。工业时代的前人们也抱有同样的想法。但是，每一台你能在当地 Radio Shack① 商店买到的计算机、打印机和其他电子设备，都是在简陋的车间流水线上生产出来的。"[39] 人们同样忽略了这些设备报废后的处理方式，它们作为电子垃圾被丢弃在西方消费者看不见的地方，比如中国、菲律宾、印度、加纳和全球南方的其他地方。[40]

同样地，人为干预和无形劳动是那些依赖用户生成内容、具有审核需求的网站在生产周期上的重要一环，也是被掩藏起来的一部分。商业性内容审核员是做出决策的关键角色，他们的决策会影响平台上能够出现的内容。同时，内容审核员也观看了许多被删除的内容，用户本想把它们长期保存在网站或平台上，但审核员认为这些内容不符合网站规则、法律禁令或平台用户品味，而网站访问者是看不见审核员们所付出的这些劳动的。

王爱华（Aihwa Ong）、大卫·哈维（David Harvey）和丹·席

---

① 总部位于美国的电子产品零售商。

勒等学者指出，在许多情形下，地理空间结构会发生重大重组，以便为这些隐性的工业生产提供便利，这些有形和无形的劳动是知识经济的基础。这种重组通常以"特殊工业区"或者"经济特区"的形式出现，尤其在东亚，一些政府会推出利好政策来吸引跨国公司前来建立大型生产基地，或者鼓励本土公司成为跨国集团的供应商。[41] 东道主国家以及受益公司会将这些区域视为有不同管理体制的区域。因此，为了吸引跨国公司，这些区域可以提供关税豁免和其他诱人的经济条件，甚至可以推出牺牲本地区工人和公民权益的激励措施，如宽松的劳动法。

由此看来，外包不仅意味着将工作场所从一个民族国家或地理区域转移到别处这么简单。比方说，在亚洲，有大量劳动力从农村迁徙到集中在特殊工业区内的制造业中心，其规模相当庞大。[42] 因此，后工业时代的劳动结构打破了人们对民族国家、跨境、迁徙、种族和身份的认知。全球南方拥有高技能和受过教育的工作者发现，他们只能到海外寻找工作。比如，萨雷塔·阿姆鲁特（Sareeta Amrute）在《种族编码，阶级编码》（*Encoding Race, Encoding Class*）一书中描述了一群身在柏林的印度程序员，他们有着鲜明的族群特征，与当地德国社区几乎不相往来。他们被允许居住在这个国家，仅仅是因为他们有临时知识工作者的身份。[43] 与此同时，西方国家的工作者则感觉被自己的祖国"外包"了，需要与地球另一边不同肤色的同行进行直接的对比和竞争。

像艾奥瓦州的 Caleris 公司，美国中西部价值观就是它的一个卖点。2010 年，作为一个呼叫中心公司，Caleris 为潜在客户提供一整套业务流程外包服务，包括用户生成内容审核服务。当时它的总部位于艾奥瓦州埃姆斯（Ames）的西部，办公地点在该州的几个大型农业区域中。它在官网上打出一个带有排外色彩的口号："外包给艾奥瓦州，而非印度"，以此来宣传它的位置和美国中西部白人独有的文化敏感性。标语旁边配的图片是乡村麦田和标志性的红谷仓、筒仓，让人联想到艾奥瓦州源远流长的农业史。这些图片的作用是吸引潜在的客户，宣传公司和员工的价值观、经济地位和政治生态。公司官网上的这些图片无疑是真实的，但在那个时候，类似的家庭农场大多已经被遍布艾奥瓦的大规模农业综合企业所取代。1993 年的"农场援助"（Farm Aid）慈善音乐会就在附近的埃姆斯举行，旨在给那些因无法偿还抵押贷款而失去农场的务农家庭筹集资金，提高人们对该群体的关注。[44] 如果艾奥瓦乡村地区的 Caleris 员工早出生一代或者两代，他们很可能会在官网首页图片所显示的那种农田里劳作。

2010 年，Caleris 员工在四个呼叫中心里从事外包工作，与全球各地的员工直接竞争，而他们的文化素养被公司视为一种竞争优势。实际上，Caleris 的联合创始人谢尔登·奥林格（Sheldon Ohringer）在一份公司简介中提到，艾奥瓦州乡村地区的人力成本和生活成本较低，员工"没有地域口音"，价值观也比较相近，这些都使得公司提供的商业性内容审核服务对潜在客户具有高度吸引力。奥林格在一份新闻稿里说："艾奥瓦州通常被誉为美国中西部价值观的中心，这是个完美的地方，可以招募到勤奋、有才华的员工，他们的价值观与美国价值观一致，可以对用户生成内容进行恰当的判断。"他称赞自己的员工，声称他们比来自印度这些国家的直接竞争者更加优秀。[45]

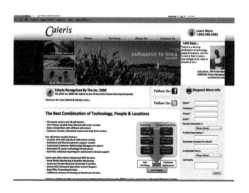

从 2010 年到 2013 年，Caleris 在其官网首页强调它位于艾奥瓦州，"而非印度"，以此宣传它的商业性内容审核和呼叫中心服务。后来，Caleris 在 2016 年改名为 Aureon 之前，将标语改成了 "来自美国中心地带的高级客户服务"。

　　国内外包和离岸外包所导致的地理、经济和政治上的重组，为全球各地的知识工作者（特别是商业性在线内容的审核员）带来了直接的竞争。菲律宾人口只有印度的十分之一，但呼叫中心员工的数量已经超过印度。对于总部位于地球另一端的社交媒体公司来说，审核用户生成内容的地点通常都在呼叫中心。[46]
　　许多全球性的呼叫中心都从西方市场和英语系客户那里争取在线内容审核业务。以菲律宾的 MicroSourcing 公司为例，它为了争取主要位于美国的客户，会把菲律宾作为殖民地的悠久历史和由西方主导的文化，特别是近代美国的烙印当成一种优势。它在官网上宣扬员工卓越的英语能力和对西方流行文化的深入了解（"得益于他们出众的英语写作和沟通技巧……以及对西方俚语和修辞的了解"），以此作为公司 7 天 24 小时全年无休服务的卖点。

公司还在官网上声称，它可以为那些想要培养和快速部署一支离岸团队的客户提供"离岸附属中心"①服务。[47]

MicroSourcing 是一家提供多种服务的业务流程外包公司，总部在菲律宾。它宣称它的员工精通英语，熟悉西方流行文化，以此来推销它的内容审核服务。该网页宣称，菲律宾人的内在品质决定了他们特别适合为北美客户提供审核服务，这些品质包括"对细节的敏锐洞察力"。

Caleris 和 MicroSourcing 都是呼叫中心式的业务流程外包公司，它们的内容审核工作提出了一些深刻的问题，这些问题关乎后工业时代数字知识劳动的本质、商业化互联网的本质，以及全球化现象和全球化背后起推动作用的社会、经济、政治结构。比如，Caleris 的标语"外包给艾奥瓦州，而非印度"，将公司赢得的业务理解为一种外包，显示了这种劳动的特征和本质：它是合同制的、计件式的、不稳定的、网络化的，等等。当地其他从事同类业务的公司也有这些特征。尽管公司试图用这个口号将自身和印度区别开来，但这样做的实际效果是在修辞上拉近了艾奥瓦州与

---

① Virtual Captives，为了对外包员工和业务运作拥有更大控制权，一些公司选择在海外建立自己的附属中心，而非将业务外包给第三方公司。它们会选择第三方公司为它们提供办公场所、技术设备和其他服务，以此节省开支并降低风险。

印度的距离，使得艾奥瓦在劳动力资源方面与印度更加相近，而非美国其他邻州（比如伊利诺伊、威斯康星和内布拉斯加）。在 Caleris 重新绘制的版图上，这些州跟艾奥瓦并不临近。

尽管工作场所和员工都在美国境内，但 Caleris 认为自己为美国客户提供的服务是一种外包。因此，外包不仅是一个表示现实世界空间特征和局限的地理概念，还是一套劳动流程和结构，它指的不仅仅是地理位置，还是可用的劳动力资源。外包可以指一种工作类型、一种薪酬水平和一群被数字化和互联网"流动空间"边缘化的工作者。不管身处世界哪个角落，他们都因为时空的限制而无法团结起来。[48]

与此同时，修辞和实践中的"外包"都需要依赖薪酬和地位较低的合同工来进行跨国合作。在这一逻辑下，我们就能理解 Caleris 这类公司的行为了，它首先将印度视为直接的竞争对手，而不是在社会、经济、政治、文化特征等方面与之相似的中西部各州。为了与印度区别开来，它把美国乡村白人的文化资本作为卖点，正如其主页上显示的红谷仓和中西部农场图片一样。

一段病毒式传播的视频或者一条广为流传、观看人数众多的内容，可能会引发金融、公共关系和政治上的影响和后果，因此审核员的工作至关重要。人为干预和无形劳动，对于那些依靠用户生成内容来吸引创作者、用户和消费者的在线网站来说，是它们生产链条中的重要一环，也是被遮蔽的一环。内容审核员的劳动甚至于他们的存在本身都是鲜为人知的，但这些人是做出决策的关键角色，他们的决策会影响到平台内容的去留。审核工作虽然不像 IT 硬件生产工作那样耗费体力或遭遇危险，但经常得不到承认和尊重，经常被忽略，而且审核员还要面对各种有害的内容，可能会导致心理创伤。

Facebook 的数字计件工作

2012 年，相较其高调起航最后却略显潦草的首次公开招股（IPO）[①]，关于 Facebook 的这则新闻则未掀起大的波澜：新闻八卦网站 Gawker，曝光了 Facebook 的内容审核活动。有几位通过零工平台从事内容审核的计件员工与 Gawker 的员工兼记者阿德里安·陈（Adrian Chen）取得了联系。这些员工在 oDesk（现在的 Upwork）上为 Facebook 审核用户生成内容，向陈泄露了 oDesk 的内部文件，其中描述了 Facebook 的内容审核标准和行为，这相当于明示了审核员需要观看的有害内容。

后来陈写了一篇报道，名为"亲历 Facebook 打击色情和血腥内容行动的外包团队，'骆驼趾'[②] 比碎脑壳更令人不适"。这篇报道在许多方面都很出彩。首先，他讲述了一些审核员分享给他的真实案例，他们中的大多数人已经离职，不再通过 oDesk 为 Facebook 从事计件审核工作，许多人都居住在美国以外（主要在全球南方）。[49] 审核员们以具体的例子讲述了他们审核过的那些有损心理健康的内容，以及他们获得的与一般数字计件工作相差无几

---

① 上市后不到三个月，Facebook 股价就下跌了一半。

② "骆驼趾"（Camel Toes）是英语中的一个色情俚语。

的薪酬，而这些薪酬似乎与他们需要承受的心理损害并不匹配。

另外，他们给陈提供的这份 oDesk 内部文件是用来给内容审核员进行培训并控制工作质量的。这类文件通常不会公开。对于那些提供商业性内容审核服务以及将审核工作外包出去的公司来说，这些文件相当于机密信息。将这些信息当做商业机密来保护会掩盖很多问题，使得公司可以合法地维持审核活动的模糊性，并不断倾向于接受一种不透明的运行逻辑，"导致用户对同一站点上的用户体验有着截然不同的解释……使得内容审核机制很不透明"。[50] 比较宽泛的"用户规则"——即语言规范声明，为主观的内容审核决策留下了充足的空间。陈的文章还论及社交媒体公司内部独特的内容分级体系，以及 oDesk 给审核员的决策指南。

其他媒体只抓住了这个报道中抓人眼球的部分，但在这些表层之下，蕴含着更多有说服力的事实。[51] 比如，oDesk 的内部文件含有大量信息，揭示了低工资的合同工会看到哪些种类的内容。[52] 虐待和残害动物、虐待儿童（包括身体虐待和性虐待）、血腥和种族歧视等图片和视频会经常出现。对于这些内容，文件中有专门的处理规则，如果它们还没有发布，就要禁止其发布，如果已经发布，就要予以删除。

这篇报道出来后不久，Facebook 就发表了一份令人困惑的信息图，似乎是为了解释公司审核被举报内容的内部流程。Facebook指出，出于各种原因被举报的不当内容会"发送给位于全球各地的几个办公地点的员工，他们负责处理每周收到的数百万条用户反馈，包括垃圾内容和暴力威胁等"[53]。图表中列明的内容举报原因包括色情、涉及伤害自己或他人、血腥暴力以及包含仇恨言论等。

然而，Facebook 的信息图和相应的解释并没有提到通过这种流程处理过的内容总量有多少，也没有提到长期处理这些不良内容会带来多大的问题。尤为重要的是，它根本没有讨论"全球各地……员工"的地位和工作条件，而他们的本职工作就是处理这些令人不适的内容。泄密文件的确证实了 Facebook 至少在当时会委托 oDesk/Upwork 这样的零工平台从事审核工作。平台上的数字计件工作者们得不到任何保护和福利，并且他们工作的地点相隔甚远，无法就工作中看到的内容给予相互支持和安慰，而这恰恰是审核员应对困难的重要手段。

通过这种方式，Facebook 将次级和第三级的外包公司纳入到它的生产周期当中，从而逃掉了很多责任，这是它的图表中遗漏的一项重要事实。数字计件工作平台上的审核员相互隔离，很少有机会（如果有的话）与处于类似条件下的同行交流，在情感上相互支持，组建劳工团体。他们与发布这些内容的平台之间也不会有任何真正的联系。

外包还有一个鲜为人知的方面。零工平台和招聘这些零工的大型公司可能会宣扬它们从全球劳动力市场中吸纳专业人才的能力。在实践中，这些临时的雇佣关系会导致美国这类提供外包工作的国家的工资税收收入减少，导致希腊、西班牙这类饱受经济危机和"紧缩"措施困扰的国家的外包劳动力数量大幅增加。[54] 的确，全球性的数字零工市场没有最低工资限制，这种人为设定使得劳动力的价值是由全球出价最低的工作者决定的。一个地区的经济危机与当地出现大量极其廉价的合格劳动力是相互关联的，这种相关性不能从分析中遗漏掉。

商业性内容审核的重要性

鲜为人知的商业性内容审核是在线数字媒体生产流程中至关重要、不可或缺的一部分，这种薪酬和地位较低的工作通常会被外包出去。内容审核能够确保品牌得到保护，使用条款、网站规则和法律制度（比如版权法和执法措施）得到遵守。它是商业性网站和社交媒体平台生产链条中的重要一环，但数字公司往往会与它保持距离，不愿意让公众讨论它们的审核行为。

同时，商业性内容审核对于互联网作为自由表达空间的形象构成了直接的挑战和冲击。从事内容审核工作的人工决策者在社交媒体的生产流程中至关重要，但绝大部分用户都看不见且不知道他们的存在。用户们普遍觉得自己与平台之间是一对一的关系，但审核员的隐秘存在破坏了这种令人觉得舒适平常的认知。可惜的是，社交媒体以及商业化、规范化的互联网离不开这种烦人的工作。

后工业时代的早期理论家曾经设想，从工业化的 20 世纪转变为后工业化的 21 世纪，美国劳动者可以获得更大的灵活性和流动性、拥有地位更高的工作和更多的休闲时间。他们会利用从生产技能中锻炼出来的分析力和技术力，在以知识为基础的经济中从事地位和薪酬较高的工作。但是，对于由贝尔和在他之后的技术决定论未来主义者（technological deterministic futurist）提出的这个愿景，现实还在不断地泼着冷水。21 世纪的劳动力配置非但没有提升全球劳动者的地位，反而引发了全球性的恶性竞争，为了在这个 7 天 24 小时不间断运作的全球化市场中取得优势，人们不断地寻求更便宜、响应更快、数量更多的人力资源和物质资源。

　　最后，尽管知识工作在后工业社会体制下得到了极大的重视和优先地位，但各种重工业和制造业仍然欣欣向荣、不可或缺，知识经济仍然要依赖它们。这意味着一种转变，而不是替代。后工业时代的劳动经济需要地理空间上的重组和人们的迁徙，如同邱林川等学者所指出的那样，"灵活"通常等同于"缺乏保障""不稳定"和"边缘化"。[55] 蒂齐亚纳·泰拉诺瓦曾说过，知识经济之下的劳动可能不会像人们最初设想的那样有趣。[56] 为了应对和改善当下社会经济结构中的劳动问题，我们必须在全球范围的各个层面上继续揭示知识数字经济下的劳动状况和各种成本（比如环境成本）。[57]

第三章　硅谷的审核工作

我无法想象有谁在做完一天的（这种）工作之后，还能够若无其事地从座位上径自离开。你无法摆脱它，不管你愿不愿意。

——马克斯·布林

这几乎就是工厂的工作，同样的事情，一遍又一遍地做。

——乔希·桑托斯

2012年秋天，我采访了马克斯·布林，一位24岁的白人毕业生。他毕业于西海岸一间非传统①的私立文理学院，与女友和几个室友居住在旧金山。当时他在硅谷科技行业从事全职客服工作，这是他的第二份工作。¹尽管他像其他人一样签署了保密协议，无法透露他之前从事的商业性内容审核工作的细节，但他很愿意和我聊天，与我分享他在跨国互联网巨头 MegaTech 当合同工的经历和感触。

在我们访谈时，马克斯已经从 MegaTech 离职一年，待业一

---

① 非传统大学（alternative college）的课程和考核方式与传统主流大学不一样，其办学更具灵活性和个性，能为学生提供各式各样的课程和生活方式。

段时间之后，他重新在一家硅谷小型初创公司找到了工作。在MegaTech 工作时，他和他的审核员同事们通常被称为"管理员"（admins）。他们全都是公司内部的合同工，合同期为一年，期满后要进行三个月的强制休息，之后才有机会续签一年合同。

他的同事乔希·桑托斯也是24岁，有古巴血统。他与MegaTech的一年合同即将到期。他是通过人力派遣公司 TCX 入职的，理论上来说，他的雇主是 TCX，但过去一年他一直在 MegaTech 公司总部工作。在我们访谈时，他离合同期满还不到一周。乔希毕业于加利福尼亚大学伯克利分校，毕业后在加州南部做了一年服务业，之后才来到 MegaTech 从事商业性内容审核工作。与他同校毕业的凯特琳·布鲁克斯是个白人，23 岁，主修经济学。她是 MegaTech商业性内容审核合同工团队的新人。在我们访谈时，她的工作时长还不到三个月。凯特琳说，这是她的第一份全职工作。我在一个月内与他们三人做了访谈。

马克斯、乔希和凯特琳在 MegaTech 公司硅谷园区的一个小团队里工作。作为 21 世纪标志性的成功科技企业，该公司的氛围比较舒适，鼓励向上流动。他们就在这样的环境里度过了许多个工作日（以及夜晚和周末）。在从事这份工作之前，他们都没怎么接触过科技行业，也不了解商业性内容审核的存在和需求。

MegaTech 要求所有商业性内容审核合同工拥有大学文凭，而且通常得来自精英名校。与硅谷典型的工程团队和产品开发团队不同，他们的专业方向不是科学、技术、工程和医药（即 STEM）[①]，

---

　　① STEM 一般是指科学、技术、工程和数学四门学科。此处"医药"系据原文译出。

而是各种人文学科。能够在加州北部的科技行业工作并参与新兴的媒体经济，这个机会对他们颇具吸引力，看上去也有不错的前景。而且，在 2008 年美国整体经济衰退后，能够在毕业后找到一份全职工作足以让他们感到幸运，觉得自己比同龄人领先了一步。

虽然在服务型经济中还有其他的职业选择，但许多应届生连在餐厅打工的活儿都找不到，商业性内容审核工作似乎能为他们提供一条职场进阶的途径。但是，这些 MegaTech 公司的受访者经常会因为他们经历的事情而犹豫，并开始反思这份工作的本质以及由社交媒体推动的经济，尽管他们对于能找到工作还是感到十分幸运。本章详细记录了他们的经历，并且尽量转述他们的原话，这些经历来自他们作为商业性内容审核员的不同阶段。

马克斯·布林比较健谈，乐于分享。在一个深夜里，他和我通过 Skype① 进行了交流。在这三个人当中，马克斯对于他和同事的角色和服务价值有着特别清晰的认知，无论他们是为 MegaTech 自己的社交媒体工作，还是为第三方的人力派遣公司。他热切地向我介绍了他的背景，以及他加入公司审核团队的过程。

确切地说，我并没有和 MegaTech 公司签订合同。我是一名合同工，雇主是人力派遣公司 TCX——我忘了 TCX 是哪几个单词的缩写了。但他们是为这个岗位招聘合同工的三家公司之一……总之，他们打电话对我说："你知道吗，我们正在寻找像你这样的人，刚刚毕业，没有多少工作经验，但有名

---

① Skype 是隶属于微软公司的视频、语音和文字聊天工具。

校的本科文凭，而且对这类工作感兴趣。"这是我求职以来得到的唯一一次面试机会，之前我可是连比萨店收银员这样的工作都申请过，这回算是高兴坏了。我与 MegaTech 的员工进行了一次现场面试，然后就顺利通过了。招聘流程很简单。他们要找的是从那些以非常严格著称的学校里毕业的人，以显示他们具备这方面的职业伦理……据我所知，有些员工来自加利福尼亚大学伯克利分校，有些来自杜克大学，都是一些名校或者以严格著称的学校。我觉得这就是关键所在。我读的是历史专业，还有很多人读的是英语文学专业。严格说的话，没有人是数学和科学专业的，那些人都去做工程类的工作了。我们中的大部分人都是文科生。

在被 TCX 录用之前，马克斯从来没有思考过商业性内容审核及其从业者。TCX 在早期和他交流的过程中，没有向他透露工作的全部细节。他说：

TCX 并没有详细说明我需要做些什么工作。他们说我会去处理用户的反馈，但当时我并不知道自己要处理的是被举报的视频、文案以及其他什么东西。他们在面试前和面试过程中的笔试环节里讲得很清楚，大概是说，你要观看令人不适的内容，这份工作从心理层面上讲不算简单。所以我觉得，在我入职之前，在笔试阶段以及讨论合同和入职日期时，他们就已经讲得很清楚了，他们说过那些内容的性质很复杂，不是随随便便就能应付的，就是说，你必须要为此做好充分的准备。

　　乔希·桑托斯进入公司当合同工时对这个职位的了解要更多一些，也大体上清楚商业性内容审核工作的内容，因为鼓励他应聘的正是他的朋友马克斯。但他仍然不太了解其中的细节。和马克斯一样，他被这份工作吸引是因为 MegaTech 有着良好的声誉和知名度，工作比较体面。作为刚毕业的大学生，乔希和马克斯一样面临着糟糕的经济环境，就业前景和未来机会都很黯淡。他解释说：

　　　　我听说过这份工作，我的朋友马克斯之前就做过这个，应该是在去年。他向公司推荐了我，还跟我说："你甚至不需要面试就能得到这份工作。"我想："哦，听起来不错！"因为那时候，不管什么样的工作都很难找。所以我就去参加了面试，我完全不知道自己将要面对什么。这句话没有贬义，只是说，我完全不知道工作的内容是什么。好吧，这可是 MegaTech，它能给我的简历加分，让我离开奥兰治（Orange）南部，所以我就接受了这份工作。

　　2011 年毕业之后，凯特琳·布鲁克斯一直在艰难地寻找自己的方向、为自己所受的教育赋予价值，尽管她已经毕业于世界知名的加利福尼亚大学伯克利分校。她说：

　　　　我是在洛杉矶长大的，准确地说是西好莱坞，那里没有什么孩子，所以我也见不到从那里出来的同龄人。之后我来到伯克利读书，这里给人的感觉很不一样。文化差异很大，天气和气候也没有那么好。但接下来我就在这里认识了我的所有朋友。毕业后我回到家乡待了将近一年时间，但在那边怎么也找不到工作，太难了，开放招聘的工作种类都很不一样。也许我的文凭在那边并不值钱？我不知道。奇怪的是，我在这边找工作要容易得多。我在家乡待不下去，觉得太无聊了，而且我所有的朋友都在这边，所以我就搬回了伯克利。回来的第二天我就去了 MegaTech 面试，我想："哇，这也太快了吧。"一个星期内我就收到了录用通知，我想："哇！一切都这么顺利！"

乔希成为商业性内容审核员的直接契机是他认识一位在职的员工，而凯特琳求职的过程要更加曲折一些。她毕业后一直在通过社交网络求职。MegaTech 把筹建内部商业性内容审核团队的任务委托给了人力派遣公司，而来自知名的伯克利大学 ① 的非 STEM 毕业生正是这些人力派遣公司重点关注的群体。如同乔希和马克斯一样，她在入职前对这个职位以及商业性内容审核的职能和需求所知甚少，但 MegaTech 对她也有很强的吸引力。尽管人力派遣公司和 MegaTech 的代表都提醒过她这份工作的性质，但凯特琳在开始工作之前仍然不太了解其中的细节。她说：

> 因为我上过伯克利大学，所以就加入了伯克利校友会的一个领英群组，我在那里找到了这份工作。那些人当时正在

---

① 加利福尼亚大学伯克利分校的另一个名称，简称伯克利。

为 MegaTech 的执行团队寻找员工，而我并不知道这所谓的执行团队是做什么的。我想："听上去像是警察之类的。""这可是 MegaTech，听上去就不错。"所以我就发送了简历，他们发给我一份测试题，看上去很符合 MegaTech 的风格。测试的内容就是你会在工作中遇到的内容。后来我去现场面试，见了几个人，觉得他们很酷，很放松。他们说我会观看一些很血腥的内容，可能会在很长时间内感到不适。但在面试过程中，你很难真正理解这些话意味着什么，直到正式入职，我才明白这不是小问题。

她继续讲述了自己接受的工作培训，那时她还带有职场新人的天真心态，对于商业性内容审核的需求不如前辈同事们理解得那么清楚，直到在 MegaTech 工作，她才开始理解。她很快发现，尽管在入职前她一直是 MegaTech 的长期用户，但这并不意味着她为这类要审核和删除的内容做好了充分的准备。她说：

> 我的意思是，我知道自己要审核视频之类的，（工作培训）测试的时候，他们就要求我们找出那些需要删除的内容。但我（作为 MegaTech 的用户）从来没有刻意寻找过那些明显不该出现的内容，也从来没有真正找到过那些奇怪的东西。通常我只是看看音乐视频之类的。

凯特琳作为 MegaTech 的用户时从来没有搜索过这类内容，也不知道它们的存在。但成为审核员后不久，她就开始将她负责审核的内容与世界各地发生的更严重的问题联系了起来：

> 像人们被处决之类的内容，都是我之前从没有想到的。我只是觉得，在世界其他地方发生的事情都会首先被我们看到，似乎就是这样。现在每个人都有摄像头，每个人都在上传一些不同寻常的东西，我们就是负责观看它们。我没有预料到这一点。

尽管她的工作其实很难，但在访谈时，她总体上对 MegaTech 抱有感激之情。作为一个名校的文科毕业生，她对未来的方向毫无头绪，经济大环境对她这样的年龄和资历的人来说并不友好，毕业后的就业选择非常少。

因此，不管其中有什么缺点，她都乐于接受这份工作。事实上，三位年轻的商业性内容审核员在访谈中都多次讲到就业市场上入门工作难找给他们带来的经济压力，这直接影响了他们的职业选择。凯特琳简明扼要地总结道："我很高兴能够找到工作。没什么可抱怨的……我们很可能会从事比这差得多的工作。这毕竟是在 MegaTech，挺舒服的。"

没有攀岩墙，没有寿司，没有保险：MegaTech 的合同工文化

短期员工的工作很不稳定，需要时刻面对与就业相关的不确定性和不安全感。因此可以理解，MegaTech 的这三位商业性内容

审核合同工都希望在公司里拥有一份终身工作①。的确，最初吸引他们应聘的是公司的名字和声誉，以及他们一开始的各种美好想象。但现实又是另一番图景。他们与其中一家第三方公司签订了一年合同，在 MegaTech 的主园区工作。

与公司直属员工不同，他们领取的不是固定薪水而是时薪，全职员工的许多福利都与他们无缘。他们的劳动合同由 MegaTech 制订，再由人力派遣公司与他们签署。马克斯、乔希和凯特琳这样的审核合同工在工作满一年后要么另谋出路，要么强制休息三个月，三个月后才有资格续签一年合同。但合同再次期满后，他们就必须离开这个商业性内容审核团队。

这些审核团队的成员希望自己的专业技能、经验以及对 MegaTech 企业文化和产品的了解，能够让他们在公司其他团队里得到一个全职、永久性的岗位。但是，据马克斯所知，只有一两个前团队成员成功做到了这一点。他认为这与公司内部对合同工（特别是职业审核员）的普遍排挤和贬低有关。从社交活动和团队办公条件等各个方面可以看出，在 MegaTech 工作的商业性内容审核合同工被当做不起眼、无关紧要的员工，尽管他们的工作非常重要。马克斯·布林说：

> （商业性内容审核合同工）得不到应有的重视。我们挣的钱少，至少对于毕业后的第一份工作来说不算少，我大部分朋友都还在做咖啡师、收银员之类的工作。工资不低，但

---

① permanent job，指终身制的，或不确定具体结束时间的职位，永久性员工的劳动合同中没有规定截止期，员工可以预期自己一直工作下去。

你仍然是合同工,不是正式员工。你没有资格参加圣诞派对之类的活动。但实际上,我的经理非常棒。她在公司里找了很多人帮忙,把我们当成受邀亲友全部带了进去。

马克斯接着说,商业性内容审核工作在公司内部不受重视,导致他们用来管理内容、处理流程的定制化数字工具非常落后,团队成员积累的知识和经验也得不到其他部门的认可。

（我的经理）不遗余力,因为她也意识到我们没有得到应有的重视,没有得到足够的工程技术支持。我们用的工具非常落后,在我入职前就用了许多年。这些工具需要进行升级才能支持网站上的新功能,但我们根本没有足够的技术资源进行升级。所以她很理解我们失落的心情,也尽力安抚我们。但公司并不把我们当回事。想让我们更高兴,最简单的方法就是设置一条通向全职员工的途径。因为工作内容是不可能改变的,那些内容并不取决于你,你拿到什么就要审核什么。我的天哪,我们已经熟悉了所有系统,闭上眼睛都能回想起那些政策。他们一直在扩充版权团队、合作伙伴管理团队、安全与政策团队,他们在扩充各种团队。为什么他们不能将同样的外部聘用规则适用于我们呢?我们从来没被当做公司的一部分。

在我们访谈时,马克斯已经从 MegaTech 公司的商业性内容审核岗位离职近一年。作为合同工,他领的是时薪,而且没有资格享受那些使硅谷科技公司美名远扬的福利和设施,比如攀岩墙、现场理发和免费寿司。他在访谈中多次调侃过这一事实。

马克斯和团队同事也无法享受全职员工的另一项福利，那就是医疗保险。这一点在我们之后的访谈中会更加凸显其重要性。它进一步证实了马克斯的观察，即公司内部商业性内容审核合同工的地位比较低，其他员工和管理层（他们都是这家网络巨头公司的全职正式员工）对他们缺乏尊重。公司的内容审核团队成员也在不断更换，这些情况都困扰着马克斯。

我在职的时候，有两位员工从合同工转成了全职员工。其中一位的情况比较特殊，他比我们年长不少。我们都没有硕士学位，而他有，这是个很大的加分项，并且他会说阿拉伯语，这方面的需求很紧缺。据我所知，公司在招聘时就承诺过将来会给他一个全职岗位。所以，从合同工提拔成全职员工的实际上只有这么一个人。要想提高员工的积极性，让他们觉得自己是公司的一部分，最简单的办法就是设置一条晋升渠道，但实际上并没有。虽然我很理解他们，但在一些很小的事情上也会让我们感到受排挤。回想起来，最愚蠢的莫过于在大厅里安装的那面攀岩墙，它非常漂亮，但我们却不能用，因为我们不在公司的保险计划里面。我们是个体合同工，不能享受公司的保险。平心而论，我能够理解这其中的逻辑，我们没有保险，所以不能使用它。但是，你每天经过大厅时都会想着："我是这上百人的公司中不能使用攀岩墙的十个人中的一个。"这令人非常沮丧。

乔希·桑托斯同样对 MegaTech 对待商业性内容审核员的方式

感到失望。他尤其不满的是，公司要求所有员工从事额外的、没有补偿的知识劳动，甚至包括地位较低、领时薪、短期的合同工在内。他有意识地抵制 MegaTech 职场文化中的这一方面，而他在内容审核合同工团队中的其他同事则不同。他怀疑，很多同事仍然希望通过在本职工作以外做一些无偿的额外项目，来争取公司的永久性职位。乔希认为，身为正式员工的上级提出这些要求是令人反感的。

> 他们鼓励我们在本职工作之余去做一些其他项目，就好像我们有做项目的选择一样。很多审核员的确听从了他们的建议，"好啊，我想去参加其他项目"。他们试图插一脚进去，希望以后可以得到一份工作。但我不吃这一套，因为我看过很多才华横溢、非常优秀的审核员，他们都没有得到（永久性的）职位。有些审核员在项目中做出了非凡的成绩，甚至超出了上级的预想。这帮上级们把项目做完提交上去，把功劳都算在自己头上，但合同到期时就只会说："好吧，再见。"这种情况我看见过不止一次两次了，所以我根本不会理睬那些额外的工作，做好自己的本职就行了。

MegaTech 对合同工和全职员工的区别对待，以及商业性内容审核团队较低的地位都令乔希感到失望，但他毫不讳言自己一开始接受这份工作的原因。事实上，乔希和其他类似的员工已经衡量过这份工作的薪酬和其他物质福利（以及想象中的福利，比如通向公司永久性岗位的途径，以及工作经验对简历的加分）与它可能带来的危害孰轻孰重。乔希说：

> 我上一份工作的薪酬只有我在餐厅当服务员所得收入的三分之一。活儿又多，挣得又少。从那以后……我觉得我们都很年轻，基本都没做过科技工作，团队的大部分人都刚刚毕业，只在大学里做过一些糟糕的兼职。对于团队大部分人来说，这就是他们第一份真正的公司工作，或者说职业工作。所以我觉得很多人为了工作薪水而默默忍受了他们需要观看的内容。

MegaTech 的审核：工厂式的环境

在 MegaTech 的商业性内容审核中，那些最需要人工干预的内容——通常是被平台终端用户举报的视频内容——几乎完全由公司内部的合同工审核，在公司自己的路由和队列系统中完成。商业性内容审核部门的合同工负责审核那些已经上传但被用户以违反社群规则为由举报的内容。其他类型的不当内容，比如侵犯版权的内容则会通过自动化流程处理，通常不会发送给公司内部的审核员。

他们负责审核那些因为其他原因而被举报的内容，这些内容违反了公司对暴力、色情、血腥、令人不适和侮辱性内容的禁令。MegaTech 每分钟收到的用户上传内容多达数百个小时，因此公司的商业性内容审核团队承担了救火式的任务，他们需要根据内部规则，对用户的投诉做出快速有效的反应，这些规则在学习和运用多次之后，已经刻在了他们的脑海中。

MegaTech 是一家公开上市的跨国公司，拥有一般公司难以企及的技术和金融资源。因此，公司也有充足的技术能力和资金来根据平台和审核员（他们负责处理用户上传的海量视频内容）的特殊需求开发内部工具。内容审核部门的员工拥有一套专门为他们开发的工具，这套工具还会根据他们的使用反馈进行微调和修正。马克斯·布林说：

> 基本上，我的主要工作是这样的：你（用户）如果不喜欢某个视频，或者觉得它令人反感之类的，就可以点击视频下方那个小小的举报按钮。随后一个自动化流程便会启动，对它进行多重筛查（比如看看它有没有侵犯版权，通过色情过滤器看看它有没有色情内容），如果这些自动程序没有检测到问题或者对它进行删除，系统就会把它发送给我们。审核流程是这样的：我们会成批地收到视频，每十个一组。针对每个视频会自动生成大约 30 张缩略图，这样你就不需要看视频的大部分内容，一般看截图就行了。你审核完一组十个视频后点击提交，然后审核下一组视频。我每天审核视频的数量大约有 1500—2000 个。

公司的内部路由工具会根据终端用户举报的具体原因，将内容分到不同的队列。这些队列会包含不同种类的内容，对商业性内容审核员处理时间上的要求也不一样。马克斯说："一级队列需要快速完成。你想要做出正确的决策，但是有成千上万个视频等着你审核……所以你会在每个队列里看到一张缩略图，有些时候你必须要看视频，有些时候不需要。你当然可以选择全都看视频，这个选择永远存在，并不是只有缩略图这一个选项。但我们主要的审核方式还是看缩略图。"

审核员的生产力不仅取决于他们对内部政策和规则的熟悉程度，还取决于他们运用内部专有工具的能力，这些工具专门用来处理 MegaTech 海量的用户生成内容。马克斯介绍说：

> 我们的大列表里包含了所有队列和每个队列需要审核的视频数量，你可以选择一个队列来审核，它们 90% 都是一级队列。然后它会给你一组十个视频，它们中的大部分都会全屏显示，占据了我的整个主屏幕。旁边会显示一些信息，比如推文、视频之类的。屏幕每次显示一个视频，审核完之后会跳到下一个视频。你审核完十个视频后，将这组视频提交，系统就会从队列中拉出另一组视频。有一些热键，但它们实际上只能打开下拉菜单。到最后，我审核一个视频只需要一秒钟、两秒钟或者三秒钟。我对所有的热键都非常熟悉，已经到了可以盲打的程度。

乔希·桑托斯介绍说，马克斯离开审核团队一年后，MegaTech的审核流程发生了变化，不再把所有的审核工作都交给内部审核员处理，而是在印度招募了一批合同工来处理明显违反政策的内容。公司认为，那些容易判断、一目了然的内容适合外包给世界其他地方的合同工来处理。在这种体制下，公司根据内容本身和投诉原因对内容进行了复杂的分级。乔希在职的时候，屏幕上每次出现的视频缩略图的数量翻了两番，从10张变成了40张。乔希说：

> 我们的工具十分简单明了。我的意思是，我们有一个队列，所有被举报的内容都会出现在上面。根据举报的原因，这些内容会被分入不同的队列。如果被用户举报为色情内容，就会发送给印度的团队，大部分色情内容都由他们处理。其他的内容，比如说仇恨言论或者暴力之类的会发送给我们。我们收到的视频都是成批的，基本上没什么节奏和规律可言，你可能在一个暴力视频之后收到三个仇恨言论视频，再收到一个骚扰视频，紧跟着两个暴力视频。我们会有一系列与操作相对应的热键。基本上你收到一个视频之后，它就会被分解成许多截图和小缩略图。我们会看到40张小缩略图，这样我们不用看视频就能立刻知道"啊，那里出现了生殖器"或者"那里有个男人的头，与身体断开了"……然后我们就能立刻实施操作。整个过程一气呵成。

为了能够游刃有余地处理大量有问题的、令人反感的用户生成内容，乔希不仅熟练掌握了他手头上的工具，还在心理层面上找到了应对策略。为了能够处理海量被举报的内容，他尽量克制自己的情绪反应。"我的意思是，这份工作的职位描述很简单，就是审核被举报的内容，"他说，"如果它违反了我们的政策，我们就将它删除，没有违反就予以保留。每个人都会告诉你，暴力内容是相当多的，你会看到很多恶意，看到人类的阴暗面，而且要看一整天。就是这样，你每天看到的就是这些内容：暴力和色情。我想说，你需要一定的冷漠心态才能处理好它们。"

凯特琳是三个人当中最晚入职的，她在访谈中证实了马克斯和乔希介绍的日常工作状态。

我早上拼车去上班，大概 8 点 30 分到达，然后吃早餐。接下来的一整天，我们基本上都在做同一件事情，那就是查看队列里的所有视频，确保队列的处理时长低于一小时（被举报后的处理时间）。视频必须在被举报后……怎么说呢，我们尽量在视频被举报后的一个小时内处理好它们。我们就像仪器一样，要看成千上万个视频。它们还没有分好类，比如按照语言分类。基本就是这样，我们会观看很多暴力、色情、骚扰、仇恨言论之类的内容。所有被举报的内容都会被集中到同一个地方，包括垃圾内容。我们一整天都在审核这些，偶尔会休息一下，有时候太累了，或者午餐时间到了，休息完就继续工作。

如果说 Upwork 和 MTurk 这样的零工网站所提供的工作最接近于数字计件工作，那么像凯特琳、马克斯和乔希描述的这类公司内部和呼叫中心的商业性内容审核工作就代表着一种新型的数字流水线工作。它们是机械重复、由指标驱动、以队列为基础、自动化的工作，依赖机械化和理性化的管理方法，并通过数据来衡量员工的生产力和效率。

科技行业和社交媒体子行业的典型工作特征是创造性的、自我表达式的，而 MegaTech 审核团队从事的是机械、重复、日复一日的工作，这种工作和环境更接近于传统的工厂——这是一个数字工厂。的确，乔希在介绍商业性内容审核工作的环境和要求时，直接拿工厂和流水线工作来类比："这几乎就是工厂的工作，同样的事情，一遍又一遍地做。"

谁来决定？ MegaTech 的内部政策制定和应用

MegaTech 的审核员在审核内容时需要遵守一套内部政策，这些政策是由他们的上级——安全与政策部门（简称 SecPol）的全职员工制定的。这些极其详细的内部政策是商业性内容审核员判断内容的标准，它们没有向社会公开，而是作为商业机密在内部使用，服务于公司的品牌管理。保密的部分原因是防止不怀好意的用户钻空子，通过打擦边球或者故意规避规则的方式在平台上发布不良内容。此外，披露商业性内容审核政策也会让局外人获悉公司审核员的工作性质。如果内部政策被曝光，触发审核机制的内容种类也会被曝光，拥有光鲜形象的平台就会暴露出它极其丑陋的一面，毕竟在人们眼中，平台的功能是提供娱乐、乐趣和自我表达的渠道，用户可以直接通过平台将内容传播到全世界。曝光内部政策还可能会引发关于政策所依据的价值观的难题，审核员们肯定懂得这一点。乔希告诉我："我们在运用政策时试图维持全球化的视角，至少他们是这样说的。我感觉他们依据的是美国的价值观，因为比如像裸体这样的事情，我的意思是上半身裸体，除了在中东和日本这些地方之外，在很多欧洲国家和其他地方都是被允许的。但是在这里，我们就要将裸体内容删除。"

正如乔希这样的商业性内容审核员所指出的那样，尽管MegaTech 的名字本身就象征着互联网，而且它拥有全球性的影响力和用户群，但它关于用户生成内容的政策是在特定的、少有的社会文化环境中制定出来的，即教育程度高、经济发达、政治上信奉自由主义、种族单一的美国硅谷。公司的内部政策往往首先反映了公司对品牌保护的需求，同时它也是一种用鲜明的美国自由主义来解释言论自由、信息自由等概念的机制。社会规范也是通过美国和西方文化的视角折射出来的，倾向于反映白种人的观念。

因此，对于平台所青睐的这些复杂的价值观和文化体系而言，商业性内容审核员可以被理解为它们的载体和代理人，即使在公司的规则和审核员自身的价值观相冲突的时候也是如此。马克斯解释说：

> 我们拥有逐条罗列、非常具体的内部政策。它们是保密的，否则人们就能很容易规避它们。我们会经常讨论一些非常具体的内部政策，每周要和安全与政策部门开一次会。比如说，系统不会将涂黑脸（blackface）①默认为仇恨言论，这总是让我很恼火，让我崩溃了差不多十次。我们开会讨论政策时，平心而论，他们总是倾听我的意见，从来不会禁止我发言。他们不同意我的看法，也没有改变过政策，但总是让我畅所欲言，真令人惊讶。就是这样，我们用来审核视频的内部政策有好几十页。

他继续解释说，那些模糊的语言"从根本上说给了我们回旋的

---

① 指白人为了扮演黑人而将脸涂成黑色的做法，被目前的美国主流社会视为种族歧视。

余地"。在 MegaTech，关于内容删除的内部政策会根据多方面的动态因素进行调整，包括面向所有用户的社区准则、内容创作者对于未经同意发布内容的删除请求，以及公司内部对社区准则的解释。审核员需要遵守这些解释，它们会经常变化。乔希解释说："政策与社会氛围息息相关，如果某样事情在社会上变得可以接受，那么我们就会调整政策。政策还会根据全球的社会氛围进行调整。基本上，我们的政策都是为了保护某类特定的群体。"

事实上，虽然有政策和规则存在，但一些群体还是能够获得 MegaTech 的特殊对待，因为他们有利于 MegaTech 的商业利益。他们通常是较大的"合作伙伴"，作为内容创作者，他们能够为公司吸引大量用户，从而为自己和平台创造广告收益。马克斯介绍了这种关系：

如果你是个非常优秀的用户，你可以申请合作伙伴计划，这样可以从广告中赚取收益分成。合作伙伴可以直接联系安全与政策部门和法律支持部门。有时候我们会遇到一个合作伙伴的违规视频，通常来说我们应该删除视频并向他们的账号发出警告，（按照规则）警告三次无效，账号就会被封禁。但也许他们是重要的合作伙伴，公司不想封禁他们，所以我们会将视频发送给安全与政策部门，让他们去跟合作伙伴沟通。我得说得清楚一些：他们不会让这些视频留在平台上，他们会让合作伙伴撤下视频，并且会比政策页面更详细地说明这个视频违反了哪些规则。据我所知，我们从来都不会为了合作伙伴而破坏规则。顶多是处理方式更灵活一些，但不会做出实质性的让步，不会让令人反感的内容留在平台上。

平台上处于灰色地带的内容和行为是 MegaTech 公司商业性内容审核工作持续面临的挑战。马克斯介绍说，有一类内容使他特别苦恼，但它们又刚好没有违背公司内部政策的字面含义。他们花了很大工夫来处理和评估这类内容。

> 有个很复杂的问题，我几乎敢肯定现在它依然是个问题，那就是挑战视频（dare video）。发布者大多是10—15岁的女孩，少数是男孩。她们在父母不知情的情况下注册了 MegaTech 账号，并说："我们很无聊，给我们一些挑战吧。"有些变态者就会找到她们说"给大家看看你的脚"，或者做一些色情行为，但孩子们不知道这些是跟色情有关的。这真是太瘆人了。有个人专门找出这类视频来举报，然后我们再把它们删除。这真是棒极了。我的意思是，我尽量不去这么想：就是他可能喜欢看这些视频，如果别人问他为什么整天看这些视频，他就可以用举报作为理由来掩饰。但事实是，由于这个人的举报，我们删除了成千上万条这样的视频。

乔希是 MegaTech 的合同工而非全职员工，这种身份上的差别在内部政策制定中会有一定的影响。级别更高的安全与政策团队和其他与审核相关的全职员工经常会表示，他们在制定未来政策或者对现有政策进行修改和微调时，会重视审核员们的意见。但乔希觉得这只是在嘴上说说而已。虽然他对于不良内容和 MegaTech

的内部政策有专业的见解，但却无力推动真正的改变，这让他感到沮丧。造成这种境况的直接原因是公司的商业性内容审核员是有固定期限的合同工。乔希说："我所在的合同工团队只会存续一年，而其他团队是长期的。他们经常对我们说：'你们对政策的话语权与我们不相上下。'这当然不是真的。我的意思是，我们的确能参与政策讨论，但没有任何能力去改变它们。"

乔希这种审核员所做的工作几乎完全是对内部政策的执行，并没有决定 MegaTech 平台政策的能力，为此他们感到沮丧。MegaTech 公司也错失了一个机会，如果它能够寻求并重视内部审核员的反馈，就能够查明许多情况，比如地区性政治冲突、违规行为的新发展趋势，以及恶意用户对平台的狡猾操纵。但总体来说，它没有这样做。

MegaTech 与国际外交：商业性内容审核的隐形外交政策职能

某些看似明显违反政策的视频往往会成为复杂决策过程的催化剂，在审核团队成员之间、在审核员和安全与政策部门之间引发激烈的争论。很多时候，决策不是严格按照视频内容做出的，还会考虑到视频的政治效果和宣传价值。那些从全球战乱地区上传的视频是最让团队感到棘手的，三位受访者都谈过这一点，这些视频在下班后还会一直萦绕在他们的脑海。

保留或者删除这些视频的决策会对现实世界造成很大的影响，

因为 MegaTech 是全球主要的内容传播平台，创作者们希望在这里吸引人们对各类事情的关注，包括政治危机、冲突和战争罪行。因此，审核员和安全与政策团队成员在审核这类视频时会认真谨慎地做出决策。MegaTech 对于哪些战场视频可以发布和传播是有政策性规定的，它甚至会规定哪些冲突算得上是合法"战争"，这些规定的影响力往往会超出两个团队最初的估计。处于冲突局势中的人们越来越依赖 MegaTech 的平台来记录和传播当地的危机信息，这是他们能够利用的为数不多的平台之一。MegaTech 在这方面的影响力是有目共睹的。马克斯回忆道：

> 我在职期间，"阿拉伯之春"爆发了，很多内容都非常血腥。但在当时，那些国家的活动人士唯一能够上传内容的地方就是这里，所以我们保留了这些内容，并附上警示性说明，比如"必须年满 18 岁才能观看"。举例来说，你上传了一个僧人在越南自焚的视频，如果它是纪录片的片段，即使内容令人不适也可能不太要紧。但如果它带有煽动性或者脱离了原有的背景，那就不一样了。很明显，自杀视频是不能发布的……MegaTech 平台上经常会出现哥伦拜恩中学校园枪击案[①]的内容，如果它是纪录片的片段就没关系，但如果它对大规模枪击杀人犯进行了美化，那显然是不被允许的。

这些内容看上去违反了 MegaTech 对于过度血腥、暴力和伤害

---

① 1999 年 4 月 20 日，两名青少年学生在美国科罗拉多州哥伦拜恩中学实施大规模枪击，造成 15 人死亡，24 人受伤。

儿童的内容的禁令，但是，安全与政策部门的全体全职员工（甚至可能是更高层级的员工）通常会在政策中规定一些例外的处理方式，有时候连审核员也无法了解公司的全部决策流程。对于与地缘政治冲突相关的用户生成内容，MegaTech 的内部政策会根据全球事件和政治立场的变幻无常做出反应。显而易见，这些政策的制定在政治上是以美国为中心的，因此，选择保留或删除某些内容的过程，很容易会变成默许或公开支持美国外交政策的过程。乔希·桑托斯解释说：

> 不管你的承受能力有多强，有些内容还是会让你感到猝不及防。特别是现在仍在发生的叙利亚战争，我的意思是，你永远不知道接下来会看到什么。有一天，一枚炸弹在学校里炸死了 20 来个孩子，那个视频惨不忍睹，孩子们的尸体碎片到处都是。视频没有经过任何剪辑。我们试图帮助当地人记录他们的惨况，所以保留了这些视频。这些视频疯狂传播开来，因为它们非常暴力，非常有现实意义和话题性。我们会经常看到这种片段，让你觉得有些不舒服。

乔希很不解，为什么某些来自冲突地区的内容出于情报和宣传的原因被保留下来，而另一些却被删除了。难以影响政策制定的短期审核合同工，与负责制定政策但不参与日常审核工作的安全与政策部门的全职员工之间的权力差异再一次凸显出来。乔希说：

> 有一位安全与政策部门的员工对中东的任何危机都非常

感兴趣，这没什么。但问题是，我们以非常弹性的方式对待中东的视频，却不需要以同样的态度对待其他国家的视频。这让我和另一位审核员感到不满。比方说，墨西哥正在发生毒品战争，两边阵营都有不少人上传战争视频，比如谋杀、绑架和讯问之类的。如果这些是叙利亚的视频，我们会保留它们，内容一模一样。我是说，原因不同，但内容是一样的，有冲突的双方，从各个方面来看都是一样的内容。但他们给我的理由是：这些内容不具有新闻价值。可这是毒品战争啊！同样，最近在俄罗斯一个非常小的偏僻地区发生了政变之类的事件，他们也说这个事件不够有新闻价值。给人的感觉是他们在执行双重标准。我认为唯一的原因是安全与政策部门的那位员工对中东事件特别感兴趣。

凯特琳也很难接受来自叙利亚的内容，但她觉得审核它们不会给自己带来长期的影响。她说："我审核的大部分内容都是重复性的，我会想着，'好吧，我知道这是什么，我已经看过了'。但总有一些千奇百怪的内容是你从来没有看过的。关于叙利亚的血腥图片有很多，非常可怕。但它们一闪而过，几秒钟就会消失。"

事实上，审核员在 MegaTech 发挥了强大的编辑作用，尽管他们不太引人注目，缺乏影响内部内容政策的权力，终端用户也无法实质性地参与 MegaTech 有关用户生成内容的政策制定和处理过程，甚至不知道这种处理程序的存在。这意味着这种编辑角色和其他媒体环境中的编辑角色没有多少相似之处。此外，在很多时候，我们并不知道 MegaTech 的商业性内容审核员是否处在能够做出有效编辑决策的位置上，或者合适的环境中。

凯特琳便是如此。尽管她需要决定是否保留战场内容让数百万人看到，但她似乎并不太了解这些冲突的性质、冲突各方的情况和视频发布的后果。我问她，这份工作是否让她对以前不熟悉的国际冲突和事件有更多的了解，她回答说："不完全是这样，我还得在工作之余多读一些相关内容。因为我们看到的都是原始材料，我不清楚到底发生了什么，只能够试着去理解。这些事情看上去很复杂，我绞尽脑汁，仍然觉得一头雾水。"

凯特琳不认为自己有足够的知识和能力去理解这些战场片段的背景和意义，但她仍然需要对它们进行审核和判断，所依靠的仅有公司的内部政策，以及安全与政策部门做出的额外规定。像乔希一样，她觉得处理这些内容的内部政策是有一些矛盾的。但在我们的访谈中，她承认自己没有足够的信息去理解和评价这些政策背后的逻辑，她只是单纯地遵守 MegaTech 的政策。

> 我们需要保留大部分（战场片段），几乎是全部吧，因为当地人需要通过我们的平台来展现这些事情。虽然它们同样会发生在其他国家，比如墨西哥的毒品战争之类的，但我们会删除墨西哥那些内容，我不知道这其中的原因。似乎我们在帮助叙利亚人发声。我们会对许多极其血腥的内容施加年龄限制。但有些内容只有尸体，没有流血之类的——这样的内容所有人都能看。搜索这些的大多是当地人，这些内容是阿拉伯语的，所以我不清楚在美国有多少阿拉伯人或者孩子会搜索这些内容，大部分人都不会看到它们。这让我对保留它们感到更加安心。

与此同时，对其他政治性内容的审核往往会重点考虑品牌管理和品牌保护的需求，通常由安全与政策部门和其他高层管理团队下达指令。在这些情况下，品牌管理不仅能使 MegaTech 免受批评，还能使它的合作伙伴和大批用户免受负面宣传的影响。在我们的访谈中，乔希将商业性内容审核的这个职能称为"公关"。

政策变化的速度相当慢，（安全与政策团队成员）实际上没有多少工作要做，他们每天都在搞一大堆的字词辩论，真正做出的改变却很少。他们看上去像是在做些事情，但并没有多少改变是由他们推动的。除非有某个明确的政策问题或者法律问题出现，比如我们在外国恐怖组织政策推出之前，一直是允许基地组织发布视频的。于是《纽约时报》就刊出一篇报道说："啊，MegaTech 正在帮助基地组织。"或者说："MegaTech 正在允许基地组织上传视频。"这立刻就成了一个公关问题，然后我们的政策团队说："好吧，我们得制定相关的政策。"但大体上说，除非有相关的公关或者法律问题出现，否则我们的政策是不会改变的。政策团队的任务是保护 MegaTech，所以我们会允许任何内容发布，除非它们会引发公关或法律问题。

在 MegaTech，公关和品牌管理的问题与民主表达和政治宣传的争议纠缠在一起，彼此相互影响。但大部分试图利用 MegaTech 平台影响力进行宣传的用户，都没能真正理解内容发布决策流程的影响，这些影响主要是通过 MegaTech 的品牌保护需求来评估的。

由于 MegaTech 广泛流行、易于使用，全球用户仍然会把血腥内容上传到这里，希望寻求支持或者在战争冲突中宣传某个党派和团体，他们找不到其他普及、易用、同等规模的平台来发布这些内容。此外，政府和其他各方对于控制互联网访问有着浓厚的兴趣，这是它们控制冲突、民意和社会的重要环节。因此，MegaTech 无疑还会继续在这些地区发挥巨大的作用，因为它能够允许或禁止某些内容发布。

这是一种复杂且纠结的关系。MegaTech 的内部政策似乎有利于那些在危机中寻求发声渠道的人，他们希望获得全世界的支持，引发人们对他们所遭受苦难的愤慨。但必须指出的是，MegaTech 所拥护的对象并不是他们。尽管公司里有人试图支持这些寻求帮助和宣传的内容，就像安全与政策部门的那位员工一样，但乔希和凯特琳觉得他们在处理类似的内容时没有一视同仁地应用政策。当这样一个商业性、追逐利润的平台采用民主的方式对待信息传播时，它所拥护的对象和目的会比较混乱，这必然会妨碍它与股东和政府保持积极的关系。然而，在这样一个数字围场（digital enclosure）的时代，这样一个表达空间被广泛商业化的时代，我不清楚人们是否还能找到其他渠道来表达异议。

在线犯罪制止者：MegaTech 的阴暗面和商业性内容审核的司法面向

尽管我从来没有直接问过 MegaTech 的商业性内容审核员，他们在工作中遇到的最糟糕的内容是什么，但在我们访谈时，这个话题总是被提及。每一位访谈对象都表示，他们审核过的内容中，最令人痛苦的是那些赤裸裸的儿童性虐待、自伤威胁和战场片段。当 MegaTech 的内容审核员看到他们认为是犯罪的内容时，就可以根据具体的规则协议，将内容创作者和上传者的信息（如果可以的话还包括受害者的信息）提交给执法部门和其他合作伙伴。马克斯讨论了这一规则的运作方式和他的处理经验，那时候他的职位提升了，能够接触到更有挑战性的商业性内容审核案例：

　　比方说，许多语种都有特定的队列，比一级队列更为特殊。如果你看到一个匈牙利语视频，不知道它在讲什么，就可以把它划到匈牙利语队列。有个专门的垃圾内容队列，是一个二级队列，审核员会将把握不准的内容上传到那里，有些内容似乎可以保留，但又违反了某些政策，我们会专门讨论这里的内容是否违反了政策。儿童色情内容也有一个专门的队列，一级队列中需要上报到美国国家失踪与受虐儿童中心（National Center for Missing and Exploited Children）的内容就会划入这个队列中。还有其他的队列。一旦你开始做这些工作，你审核的视频数量就会开始降低，但我还是能保证每天审核 1500—2000 个视频……

　　美国国家失踪与受虐儿童中心的简称是 NCMEC。我们可以直接联系他们……只需要按下一个热键，我们就能将视频和所有相关信息数据直接发送给 NCMEC。哦对了，如果看到自杀威胁内容，或者一些需要立即引起关注不然在几个小时后就会出现在新闻里面的内容，我们会发送给上面的团队（安全与政策团队）。虽然具体执行者是我们，但他们制定了所有的政策，能联系上执法部门或者其他大牌合作伙伴之类的。

马克斯和其他内容审核员在遇到糟糕的内容时，会产生一种利他主义和自我牺牲的意识，觉得自己在积德行善，这种想法让他们能够坚持下来。[2] 他们会觉得自己的干预是有效果的，他们给执法部门的报告可以抓获某个嫌疑人，或者使某个儿童脱离危险。这样也能略微减少审核员们的痛苦感。我问马克斯，他在从事内容审核工作时，会不会觉得自己有义务和责任为他人减轻危害。

这肯定是能够阻止你立刻辞职的一个原因。特别是那些儿童色情和儿童虐待内容。在大多数情况下，它们都是之前已经上传过的内容，都是 NCMEC 和 FBI（美国联邦调查局）已经掌握的材料。但每隔一段时间，就会有蠢货上传原创的新内容。你不得不观看这些可怕的东西，这些时候总是最难熬的。但同时也可以直接联系执法部门来处理。事实上，对我最有帮助的一次，是我们与一位国际刑警组织人士召开的视频会议，他在欧洲负责处理这类事情……我们看到了他们是如何在一天之内找到一个孩子的。那个孩子的照片被上传到了 Photobucket（一个在线社交媒体图片分享站点）之类的平台。从照片上来看完全是一个普通的十岁小孩，坐在常见的十岁小孩卧室里。照片中没有任何文字显示出他所在的国家，也没有任何数据显示拍摄的时间。但办案人员在床底露出的袋子上发现了一个公司标志，那是法国东北部的一个地区性杂货店，由此他们找到了这个孩子，在一两天时间内就把他救了出来。

通过自己的介入解救一个孩子，能够给马克斯和他的同事带来个人和职业上的成就感，让他们可以忍受这份工作。但是，他们没有稳定的渠道去跟踪介入的积极成果。马克斯希望能够得到反馈，但受害儿童和执法调查可能还处在保密状态，无法对外透露信息。马克斯回忆说："我们从来都得不到什么反馈。我在离职谈话中也说了，如果有什么人发送报告过来，无论是关于自杀威胁还是儿童虐待的报告，只要是积极的反馈报告，我的天哪，都应该告诉我们。这会让我们的生活好过很多。报告基本上是匿名的，但我们只要知道介入是有效果的，只要知道这一点，就能对我们的工作大有裨益。"

乔希在职时也遇到过联系执法部门介入的情况。他接触到的是表达自杀威胁和自杀企图的视频。他感到自豪的一点是，他可以通过简化公司的内容审核流程来做出可能挽救性命的干预。乔希说："我们团队在看到人们留下的自杀信息时会非常积极地进行干预。把自杀信息上报给主管部门的过程很繁琐，所以我加入了一个更快的系统。很多审核员确实会花时间上报每一个自杀视频。这是有用的，我的意思是，成功干预的次数很少，但非常值得去做。根据主管部门的反馈，在大约800个自杀视频里面我们成功阻止了9起自杀。但不管怎样，这是9条人命。"

这时乔希停顿了一下，讲出了在我们漫长访谈中最深刻的一些见解。乔希指出，MegaTech 的存在本身就有可能导致一些人产生抑郁和自杀的想法，因为它就像磁铁一样吸引了许多令人不适的内容、欺凌行为和心理不健康的人。乔希实际是在暗指他自己、他的同事、公司的环境以及最重要的——使用 MegaTech 平台和其他平台的所有人。

> 我的意思是，我们只在事情有完满结果的时候才会得到反馈。我在想这意味着什么。主管部门会给我们反馈说："恭喜你们，我们帮助了这位上传（自杀威胁）视频的人，他现在正在接受治疗。"但我总是想知道……那些没有报告回馈的情况，那些人最终怎么样了？他们还好吗？那些上传了自杀视频却没有被我们看到的人——他们还好吗？每次我都会有一点失落，我们团队对于人们留下的自杀信息很重视，这是件好事。但同时，我们是 MegaTech，也许公司本身就是很多人想要自杀的导火索，这一点是他们很少提及的。有些人觉得自己受到了欺凌，但他们也感觉到，他们之所以受到欺凌是因为我们的网站。比如我们没有处理好（在 MegaTech 平台上出言辱骂的）评论。我不知道。有些事情人们是不会说出口的，他们不愿意往这个方面去想。

他继续表达了自己的愤世嫉俗和失望之情：

> 就我个人而言，我受不了那些趾高气扬的员工，他们总是在自鸣得意。我觉得，为自己感到骄傲是好事，但同时你也得

退一步想想。在 MegaTech，这种氛围太普遍了，每个人都骄傲满满，每个人都在自我陶醉。当有人说："我们阻止了一起自杀！"这时候全部人都会说："干得好，伙伴们！"我承认我们干得不错，但不妨退一步想想，为什么会发生这些事情？

MegaTech 的商业性内容审核员将公司的商业模式（依靠源源不断的用户生成内容来吸引用户的眼球和关注）与平台上似乎不可避免的暴力和辱骂内容的危害直接联系了起来，这种时刻为数不多。换句话说，乔希发现 MegaTech 不只是辱骂内容的清理者，还是这些内容最初的招揽者。

"你无法摆脱它"：工作压力、孤立和影响

这些年来，我访谈的商业性内容审核员经常讲到，他们倾向于逃避朋友和家庭，不愿意与同事之外的人谈论这份工作，一部分原因是他们觉得这样做会给别人造成负担。我们对这份工作的长期影响一无所知，在公开资料中找不到关于商业性内容审核员群体的追踪研究。按照常理来说，每天观看这些内容必然会对一个人的心理健康造成有害影响。MegaTech 的审核员们应对这些压力的方法是尽可能地相互支持。马克斯在职的时候，他们团队的一个重要应对策略就是相互交流打气。马克斯说：

（审核团队）每个人都非常健谈，多说点话对自己也有帮

助。这不一定有助于你应对那些内容，我们不会说太多有关不良内容的问题，但说话能转移你的注意力。如果你一整天都不能和同事聊天，把注意力从工作中转移开，是绝对坚持不下来的，那太难受了。我与团队所有同事的关系都很好，至今还和许多人保持着联系。这个相互支持的机制很不错，即使我们大部分时候都不会讨论那些视频。

马克斯称这份工作对他的心理和身体没什么负担，但后来又讲到，在 MegaTech 工作时，他的体重和酒精摄入量都增加了，这无疑推翻了他之前的表述。而且，即使是在工作以外的场合，他也会受到工作中所看到的某些图片和视频的困扰。

应对压力方面，我还算可以。我觉得我比刚入职时要更善于处理压力。但在刚开始工作的那几个月里，虽然工作内容都基本相同，但积累起来还是一个很重的负担。不过，我能够很好地应对压力，从来不会让它影响到工作。我的体重增长了不少，因为我吃了很多零食，喝了很多酒，比现在喝的酒要多得多，但这些都对我没有太大的影响。"阿拉伯之春"爆发时是个例外，因为相关的血腥内容太多了，对我的打击很大。在大多数时候，团队对我的帮助是最大的，如果我身处一个不那么健谈和友好的团队，绝对是坚持不下来的。

访谈中这些自相矛盾和有启发意义的陈述极为重要，在三位合同工的访谈中都多次出现。虽然审核员们在口头上一再保证自己没有受到工作的负面影响，但他们随后讲述的轶事和其他方面的困扰表明，这份工作实际上影响了他们平时的心理和人际关系。

这种自我认知的缺失引起了我的兴趣。这些内容会对大多数人造成困扰，为什么他们要一口咬定自己没有受到这些内容的影响呢？当然了，衡量一个人能否胜任这份工作，最主要的一个标准就是看他有没有应对和处理这些内容的能力。假如他承认内容对自己有影响，就相当于承认自己没有能力做好这份工作。乔希和凯特琳也在访谈中讲到了审核工作对他们心理和其他方面的影响。乔希多次讲到，他每天用"冷漠"的态度面对令人不适的内容。就像马克斯一样，他的审核工作明显让他感到了压力，至少时不时会有压力，凯特琳也是如此。乔希说：

> 对我来说，真正让我心烦的是暴力视频里面的声音。跟血腥场面相比，我更受不了别人遭受暴力时的尖叫和哭喊。幸好，我不需要听声音，只需要看图片（缩略图），这让我的工作简单了不少——这就是所谓审核员的钢铁意志吧。我可能很难解释清楚，我的工作并不难，只是看一个人能够承受多少、能消化多少。我的意思是，即使是暴力内容也不算太难的问题，暴力和色情内容都不会对我有太大的影响，这都是常见的事儿，就像仇恨言论和阴谋论一样。

对于乔希和凯特琳，特别是只工作了三个月的凯特琳来说，不愿意公开讲述内容审核的影响可能是他们的一种应对机制。离职一年的马克斯有更多的时间来思考和衡量内容审核工作对他生活各方面的影响，也许乔希和凯特琳还无法做到这一点。因此，想追踪商业性内容审核对员工的长期影响，就必须要在员工离开岗位、进入下一个人生阶段的时候进行。就像凯特琳所说的：

> 很多内容对我来说不成问题，很多血腥暴力内容虽然会让其他人无法承受，但对我来说没什么，因为它们都是一闪而过。我不看视频，只需要看一秒钟就能知道里面讲的是什么。但有时候还是会看到一些不堪入目的内容，我需要休息片刻，和同事聊聊天，心里想着："这也太可怕了，我需要回归正常生活并且……你懂的，平复心情。"

当马克斯还在 MegaTech 的时候，团队合同工之间的友谊和团结是他能够完成工作任务的关键。但乔希入职的时候，团队环境发生了很大的改变，变得更糟糕了。乔希认为这是一年合同引发的员工离职潮和士气低落所导致的。员工的积极性不高，其中一个原因是他们知道自己最终只能止步于这个辛苦的商业性内容审核岗位，而无法在公司内部晋升为全职员工。由此导致的内部竞争损害了团队的氛围。这个变化不容忽视，因为和谐的团队环境是他们应对工作困境的主要依靠。没有了它，MegaTech 的商业性内容审核员在应对最糟糕的任务之时，就缺少了一个重要的应对机制。马克斯说：

> 我无法想象有谁在做完一天的（这种）工作之后，还能

够若无其事地从座位上径自离开。你无法摆脱它，不管你愿不愿意。我们每个人都对此心知肚明，就像我说的，我们从来都不会直接讨论工作，但工作却总是阴魂不散。我们会在下班后聊天，去酒吧玩问答游戏，或者留下来玩桌游。我们之间的关系很好，算是有种感情纽带，因为大家同病相怜。

仅仅过去一年，团队氛围就急剧恶化了，这在很大程度上是因为合同工地位带来的不安全感。乔希说：

> 我刚入职的时候，同事之间的情谊还比较深，大家都觉得自己是同一条战壕里的战友。一些员工离开之后，这种感觉就消散了，一直没有真正恢复过来。现在我们分成了几个小圈子。有些人与同事相处得比较好，但团队整体上并不和谐。你可以从午餐时间看出来。我们一起去吃午饭时，没有人会与其他人聊天。现在我们甚至都不在一起吃饭了，都是两人两人地去吃。所以我们团队已经……这很令人伤心，因为你真的很想……但就是因为人们看问题更加自私了……我认为我们变成现在这样，主要原因是竞争。如果一开始就讲清楚，你在合同结束后大概率不会留下来，或者在合同结束时会有更多的内部工作机会，那就不一样了。但我感觉，每个人都想拿到那个工牌——我们有红色工牌和白色工牌，红色的是合同工，白色的是正式员工，每个人都想拿到白色工牌……你可以感觉到，我已经放弃了在 MegaTech 得到职位的想法，至少在合同刚结束后是得不到的，但许多员工仍然存有一丝

希望，为了自己的职业发展而不顾同事的感受。简而言之，团队环境本来可以更好，可以比现在更好。

"在泥潭之中"：审核工作对员工及其亲友的影响

与我访谈过的各个领域的几乎所有商业性内容审核员一样，MegaTech 的审核员特别担心讲出自己的工作经历会对他人（比如朋友和家人）造成负担。他们不愿意分享自己面对不良内容时的经历和情绪反应，而是将它们藏在心里，只与同事交流，或者从来没有跟人严肃讨论过这些。

马克斯发现，他很难与同居的亲密女友分享他的工作，他宁愿不让女友知道这些。我问他，他在工作之外有没有和其他人聊过自己处理视频的经历，他回答说：

> 大多数都是玩笑式的。我会告诉他们我看到的趣事，或者有新闻价值和现实意义的严肃事件。我尽量不会聊到那些没人想看的内容，那些东西不应该让任何人知道。我尽量不和任何人谈论这些，但事实上我应该跟人聊聊，因为憋在心里不好受……我不想给同事增添更多的负担，他们也在消化这些内容。但我应该找一位亲近的人聊一聊，比如我的女朋友，她一直和我住在一起。你知道的，有时候我心情很糟糕，回家之后喝点啤酒什么的，她就会说："你应该讲出来。"我知道我应该讲出来，但又不想给别人造成负担。我觉得每个

同事都是这么想的。

在生活中，当乔希遇到老朋友或者结识新朋友，大家开始讨论每个人的工作时，他最能真切感受到自己和他人的脱节。他不仅会在讨论中感到不适，而且还会发现不管怎么解释自己的工作，都总是很简略、浮于表面，无法反映其中的真实情况，而他也不想让外行人知道这些。他说：

> 当你告诉别人你在 MegaTech 工作时，他们会对你的工作内容很感兴趣。他们会问："你在公司里做什么？""噢，我审核那些令人厌恶的内容，色情内容。"他们会觉得这很有趣，所以你会简单地总结说："是啊，我整天都在看黄片。"如果是说："是啊，我整天都在看血淋淋的东西。"他们就会觉得："噢，真令人失望。"我不会讲太多工作的细节……他们只对内容感兴趣，对你审核的内容感兴趣。所以我只能告诉他们这么多，或者我会告诉他们这份工作的待遇。你真的不会想讨论这份工作，自己已经在泥潭之中待了八个小时，不会想在工作之外还要讨论它。即使和同事一起，我们也不会讨论任何与工作相关的话题。我们不说……并不是因为它们会造成心理创伤。只是，我说不太好，大概是你不愿意把自己的负担转嫁给别人。

出于同样的理由，凯特琳也会把她的工作困扰留在审核团队的内部，尽管她声称自己基本上没有受到这份工作的影响："我真的很喜欢我遇到的人，他们使这份工作轻松了很多。因为你不能和朋友们讨论这份工作，他们体会不了。他们会说：'什么？真奇怪。'当你和那些知道你正在经历什么的人在一起时，你会好受很多。"

MegaTech 的审核员一般不会向他们的伴侣、朋友和熟人寻求心理支持。尽管他们没有全面的医疗保险，但 MegaTech 还是采取了一些心照不宣的举措，帮助他们应对审核时可能出现的心理压力和困扰。但这些举措大多都失败了。马克斯说：

> 我知道他们现在会请心理咨询师过来，我不清楚咨询师多久来一次、效果怎么样。他们在招聘时说，作为合同的一部分，我们能够享受心理咨询。我们没有保险，合同中不包含保险，但包含了心理咨询。不过，没有人告诉我应该怎样参加心理咨询，据我所知，其他人也没有参加过。我在职的最后一个月，他们有所行动，请来了一位心理咨询师，但两周后我就离职了，所以并不知道效果如何。那是一次团体咨询，我不知道他们做不做个人咨询。我在离职谈话中告诉经理，我会这样告诉任何处理这种内容的公司：不要光是给员工提供心理咨询服务，而是要强制他们参加。因为我可以想象到，其他公司的审核员也会像我和同事这样，觉得即使面对的是一位专业人士，也不想把自己整天都在看的可怕内容讲出来，不想给别人造成负担。他们可能会帮助你，但这样一来他们也要应对这些内容，即使是二手的转述也会造成伤害。

马克斯不仅在工作中得不到足够的心理关照，在私人生活中也得不到足够的支持。工作压力对他和伴侣之间的关系造成了很大的伤害。他说：

> 在"阿拉伯之春"发生后，我已经工作了九到十个月，已经开始寻找其他工作了。那时候我很烦躁，我记得自己唯一一次精神崩溃就是在那个时候。我想和女朋友分手，她不同意，还说"你得给我一个理由"。然后我们坐在那里聊天，我意识到，我将自己工作的压力发泄在了她身上。我没有和任何人沟通过这些，最后把事情搞得一团糟。我应该早点和别人沟通的，但又不想给他人造成负担。

一年后，情况并没有改变。马克斯关于强制审核员参加心理咨询的建议没有得到施行，公司仍然是在特定时间内让员工自愿参加。乔希说：

> 心理咨询师每两个月来一次。他们会和我们进行小组谈话，我们也可以选择一对一咨询，但大部分员工都有办法不选。我们没有成文的工作规定，你可以随时离开工位，想什么时候回来都可以。所以有些员工就直接站起来去别的地方抽烟休息去了。我想说的是，我们并不是真的需要依赖同事才能承受这些内容。我们会随口说几句，比如："我看到了这个很恶心的视频，是关于某个方面的。"但我们只是在随口发泄。

凯特琳很少与公司的心理咨询人员打交道，这似乎让她更难处理工作的压力。她不愿意讨论工作的难处，也不愿意参加公司的心理咨询服务，有一部分原因是心理健康专家与 MegaTech 的关系。凯特琳有一些顾虑，不想在合同期内讨论她在工作中遇到的任何困难，这并不令人惊讶，毕竟抗压能力是一位职业内容审核员成功的关键。

> 这些人大概每几个月来一次，但我们在一起讨论工作压力的时候，我反而感觉压力更大了，这种活动毁了我的心情。我会想："我干吗要参加？" 我知道有些人因为这种咨询服务次数太少而感到不满，但我自己没有这方面的需求，我的状态挺好的。活动上的发言者也让我感到不舒服，我猜他们是迫不得已才说出那些事情的。每个人都在抱怨工作。我不信任这两位心理咨询师，我会想："你们这些嬉皮笑脸的家伙为什么要走进来，让我们讲出所有的感受和不愿意说出口的东西？我不喜欢你们。"本来我的心情不错，但咨询活动一开始我就有一种强烈的抵触感，想要离开。但考虑到应该礼貌一些，我还是没有走，应该说是"社会习惯"使然吧，因为我知道这种活动是怎样的，我觉得它只会增加我的压力。但我并没有离开。

因为审核员是合同工，所以他们从 MegaTech 和第三方派遣公司那里得不到常规的员工健康福利。美国的《平价医疗法案》（Affordable Care Act）在 2010 年通过，2014 年生效。在此之前，获得医疗保健和保险的机会几乎完全取决于就业形式。对于低工资员工和非全职、非永久性的员工来说，即使他们有保险福利，也往往承受不起保单的价格，所以很多人都没有保险。美国最新的医疗保健政策还在逐步生效中，争议声不断，它会对 MegaTech 审核员这样的工作者产生哪些影响还有待观察。就算政策落地，审核员的工作性质决定了他们最需要的医疗服务是心理健康服务，很多人即使有医疗保险也承担不了相应的价格。另外，就算有价格比较划算的心理健康服务，他们仍然会对求助于心理咨询而感到羞耻（正如员工们自己所说的那样），很多人仍然不会选择这种服务，他们担心承认自己有这种需求会对自己和他人产生不良后果。在访谈过程中，我在恰当的时候表达了我对他们的理解和同情。马克斯回应说：

> 我现在对恐怖片毫无感觉，毕竟我在活生生的现实中看过它们……它们会对你造成永久性的伤害。很多恐怖画面我永远不会忘记。我不会经常回想起那些内容，毕竟已经过去了两年，噢天哪，只过去了一年，不是吗？我不会每天老想起那些内容，或者每周甚至每个月想起那些，现在我就算坐下来回忆，也无法想起那些可怕的视频是什么。但总会有这么一个时候，你会想起"啊，我看过关于这个的视频"或者类似的情况。有一次我和女朋友在沙发上闹着玩，她讲了一个关于马的笑话，而我那天刚好看过一个关于马的淫秽视频，我整个人马上就垮了。好吧，晚安，就这样吧。这些奇怪的东西总会在不经意间冒出来。现在很少会这样了。我在想，十年以后，或许我就不会遇到让我回想起那些内容的事情了，

但谁知道呢？

旋转门：MegaTech 的企业文化和商业性内容审核员的架构

MegaTech 这样的公司拥有庞大的财富和资源，基本上可以雇佣它想要的任何人员。因此，公司雇佣短期的、由第三方公司派遣的合同工来组成它的商业性内容审核团队，必然是深思熟虑后的决定，有其特定的目的。我问过审核员，他们觉得这个决定背后有什么原因。

（这些公司）这样做是不是善意的？也许它们是善意的，因为没有人应该从事这份工作超过一年，没有人。实事求是地讲，我们对公司很重要，但却不受重视。如果你让全职员工来做这份工作，你懂的，他们给我们的工资很高，但这是对于一个刚毕业、没有工作经验的人来说的……如果你让同一群人以同样的工资干很多年，他们是不愿意的，他们会罢工或者辞职，两三年后你就会遇到麻烦。这不是个健康的工作环境，你需要不断更换员工，否则团队就会因为自身的原因而分崩离析，要么大家组织起来要求提高待遇，要么直接散伙……当我还在 MegaTech 的时候，看过一篇（关于商业性内容审核员的）精彩报道，我记得他们采访了 MySpace 的审核员。他们在佛罗里达州简陋的格子间办公室里工作，时薪只有八美元。我记得这篇报道在网络上广泛流传，很多人都想知道像他们这样的人有多少——像我们这样的人可多了，我们都过得不开心。

乔希对于 MegaTech 为什么要招聘合同工的理解与马克斯相似。他详细解释了他的观点：

> MegaTech 这样做的原因是，从心理健康的角度来讲，你不应该从事这份工作超过一年时间。这就是为什么那些续签合同的员工必须等待三个月才能继续工作。我的意思是，我无法想象……如果确实是这个原因，如果我有机会全职做这份工作的话，可能我会接受。这并不是因为我乐在其中，而是因为这份工作对我来说不太累。我的意思是，这是我做过的最不累人的工作。我对这份工作还比较满意。所以我会愿意继续干这个，即使我对它已经非常麻木了。

的确，MegaTech 和其他公司的商业性内容审核员会因为持续审核有害内容而疲惫不堪，因为这是一份机械重复、工厂式的工作。

但是，MegaTech 使用第三方公司派遣的不稳定的、短期的员工从事这种不可或缺的商业性内容审核工作，可能还有其他的一些原因。马克斯和乔希都提到了员工可能遭受的心理伤害（但他们仍然不愿讲出这种工作环境对自己的伤害）。马克斯也承认，一年的有限期合同导致员工频繁更换、管理不连贯，员工对公司的忠诚度不高。在这种环境下，审核员无法组织起来向 MegaTech

要求更好的工作条件和薪酬。

MegaTech 规定，商业性内容审核员的合同期限不超过一年，最多只能工作两年，在工作第二年之前需要强制休息三个月。它有时候会委托多达三家不同的人力派遣公司来招聘员工。通过这些手段，公司不需要进行长期的投入，并且能够确保内容审核员之间不会是铁板一块，这样公司就可以将审核员的地位和薪酬维持在一个较低的水平。MegaTech 还可以很轻易地声称，这些审核员都是临时工，从来都不是公司的正式员工，如果未来有审核员工声称自己在公司工作时受到了伤害，这套说辞就能派上用场。乔希怀疑，公司知道它的审核员会因为无休止的工作而精疲力竭。

> 我觉得真正的原因是你会感到疲惫不堪。一年后，一些事情会使你的工作效率降低。我在入职头几个月刚摸透政策的时候，工作效率是最高的。大概在入职四到五个月时，那时候我对我们的政策和我要做的事情都非常清楚。但如果你一直干下去，就会遇到越来越多的政策讨论和新的前沿案例。你评估政策的次数越多，就会遇到越多颠覆你原有认知的新案例，就会开始变得更加谨慎，审核速度也会放慢。也就是说，一年之后你的工作表现就会不如以往，这或许是另一个原因。你肯定会感到更加适应，但速度会慢下来。合同工作的性质尤为如此。

MegaTech 一直都是互联网行业最成功的公司之一，以优渥的工作条件和丰厚的待遇著称，但商业性内容审核员的特殊地位使他们无权享受公司的很多福利。对于他们来说，最关键的是没有医疗保险，如果有的话，他们就能在有需要的时候求助于外部的心理咨询，即便医保不能全额支付，也能覆盖一部分支出。但是，MegaTech 只是定期请来心理咨询师，为审核员提供可自愿参加的咨询服务。很少有员工接受过这项服务。但公司只要把心理咨询师请过来，就可以宣称自己为员工的心理健康需求尽到了最起码的责任，同时公司试图与这份工作给员工带来的后果划清界限，因为他们不是（而且可能永远不会是）公司的全职员工。公司通过一系列举措保持它与员工的距离，这样它便有理由推诿责任，减少公司对任何职业性伤害应承担的责任，尤其是这种伤害可能要经过一段时间之后（合同期满后几个月甚至几年）才能体现出来。

在信息技术领域中，为大型科技公司从事低级工作的往往是合同工和次级合同工（例如质量检查、信息技术支持和服务台之类的工作，它们的地位和薪酬都比较低）。有了这些员工，雇主就可以在短时间内组建或者解散一支劳动力队伍，不需要将他们完全融入公司的体系当中。这些公司可以将生产流程外包或者二次外包给世界其他地方，然后声称公司对这些业务没有多少控制权和责任。MegaTech 商业性内容审核员也处在类似的模糊地带之中，即使他们表面上是与更高级别的同事在一起办公的。

事实是，合同工的地位便是 MegaTech 审核员感到不满和沮丧的一个原因。乔希讲述了他在合同快要到期时的感受，打破了人们的固有认知：硅谷的科技公司都有着轻松愉快的环境。

感觉 MegaTech 不应是那种有着强势企业氛围的地方，但这种氛围仍然存在。归根结底，公司还是会有条条框框，你会感觉自己是个小齿轮，而不是公司变革的推动者，特别是从合同工的角度来看。还有一些小事情，就因为我们是合同工，能得到的福利要少很多。全职员工会对你另眼相待，就因为你是个合同工。我对公司的整体结构没有丝毫安全感。不管把公司描述得多么现代和另类，你仍然会感觉自己的位置被定死了，向上流动的空间很有限。你觉得自己不是团队的一分子，而是某个结构的一部分—— 一块不起眼的小拼图。公司并没有做什么事情来改善我的感受……我是指公司的宣传。你经常会听说沃尔玛以这样那样的方式给员工洗脑，但MegaTech 也会这样做。

"低垂的果实"：MegaTech 和全球商业性内容审核外包

当马克斯·布林刚进入 MegaTech 的时候，将商业性内容审核外包给世界其他地方和其他类型的工作场所似乎是很难想象的。马克斯解释了他对这种做法的反对：

你知道吗？外包一般是非常混乱的。对于我们审核的这种内容来说，我觉得不能外包出去，因为按照这些公司制定的薪酬标准，只有在印度和菲律宾等地才能找到人来干……而那边的文化截然不同，你无法推行以美国和西欧文化为基础的审核政策。在我入职之前，他们尝试过将工作外包到印度，那真是一场灾难，他们只能停止外包，还是全部安排内部员工来完成……（印度的合同工）会删除那些和家人一起在沙滩上穿比基尼的照片，因为这不符合当地的风俗习惯。如果只说为西方网站进行的内容审核，这种外包工作的薪酬算是非常低的，我无法想象那些员工拿着比我还低的薪水来做这种工作。他们给我的薪酬不算太可怜，但我还是觉得很低。这是我们仅有的报酬，还没有福利。这种外包工作是非常辛苦的，也很残忍。

尽管马克斯认为将工作外包到印度或者其他地方会给MegaTech带来很多麻烦，但一年后公司还是采取了这个策略。它依然保留了内部的审核团队，但同时也在世界其他地方部署了呼叫中心／业务流程外包团队来进行协助，并将审核工作分成低级的和高级的部分。对于外包，乔希·桑托斯指出了一个更令人沮丧的问题：它会损害内部合同工的工作数据和绩效指标。他解释说：

> 我入职大约四个月之后，我们将所谓"低垂的果实"①——比较容易审核的视频全部外包了出去，包括垃圾视频和色情视频。这些视频都是一眼就能分辨的，你根本不需要点开看。而那些仇恨言论和直播剪辑就不同，比如说，这个视频有15分钟，里面在讲"犹太人控制了什么什么"之类的，你没法知道这个人接下来会讲什么，只能把视频看上一遍，才能知

---

① 即 low-hanging-fruit，指容易实现的目标、容易处理的工作。

道视频里讲的是不是仇恨言论、是不是阴谋论。如果它们是色情视频和垃圾视频，你一眼就能看出来。我们以前审核的大部分内容都是垃圾视频和色情视频，大约占全部视频的60%到70%，但后来这些视频全部交给了印度团队来处理。所以在那之后，我们审核的视频数量少了一半以上，这毁了我们的工作考核指标，因为我们的工作表现是根据审核视频的数量来衡量的。忽然间我们就需要找出一个新指标来衡量审核员的能力，因为我们不再有那些"低垂的果实"，能够审核的视频数量大大减少了。

乔希和马克斯有同样的担忧，他担忧将商业性内容审核工作外包到世界其他地方会导致审核工作的质量下降。他和马克斯的描述都凸显了跨国合作中固有的紧张关系，这些外包团队来自世界上的不同地区，具有不同的文化、社会和语言背景。乔希说：

（管理层）所做的就是将队列分开。以前，所有内容都在同一个队列里，现在又分出了色情内容和垃圾内容两个队列，主要由印度团队来处理。我们也可以处理这些队列，但这样一来印度团队就没事干了，因为我们很快就能把它们处理完。我不明白他们为什么没有像培训我们那样对印度团队进行全面的培训，我真是不太理解。印度团队处理队列的速度就是会比我们慢一点。我不明白他们为什么不对印度团队进行培训……搞不清楚，也许是他们还不太有把握让印度团队来参与政策制定。我的意思是，这里面有很多原因。印度团队是全新的团队，与我们有文化差异。你可以注意到，印度团队删除了很多应该保留的内容，保留了很多应该删除的内容。某些文化差异是确实存在的。

没有商业性内容审核的互联网

有一次我问马克斯·布林，他能否想象一个没有员工从事审核工作的 MegaTech 公司。"不能，"他回答说，"那样的话，平台上就全部会是色情视频。（笑）全部都是。那可就是一场灾难。很不幸，审核工作必须要有，不进行审核是不可能的。但做这件事情没有太好的方法。"

在整个访谈过程中，乔希对于职业审核工作和他在 MegaTech 的经历一直怀有愤世嫉俗和消极的态度。但是，他的结语里带有某种不同寻常的乐观色彩。这份工作让他有了一种强大的能力，可以内化那些内容，并将它们看做是对人类境况的积极反映。这种观念也许是他能够在 MegaTech 商业性内容审核团队里熬过一年时间的关键所在。

虽然今年我看过了很多暴力内容……但总体上说，我还是对人性非常敬畏……因为每次我觉得人类没法更邪恶的时候，总有人能够做到。这就好比你觉得已经看到了最黑暗的东西，但第二天还会有更黑暗的东西在等着你。我的意思是，我们审核的视频中有一半是没问题的，它们没有违反任何政策。

所以很多时候，我会看到一些很有创意的内容。它们教会了我如何看待人性，人的思维可以想到和做到的事情是无限的。因为我看过一些可以说是百万年都不得一见的东西，有好的，也有坏的。这对我是一种鼓舞……看到我们人类是多么的多样化。

旧金山湾区是很多科技、社交媒体和互联网公司的总部所在地，硅谷也在其中。2012 年我采访 MegaTech 审核员的时候，这里的生活成本非常高，令人望而却步。2016 年，单间公寓月租的中位数高达 3920 美元。³2018 年，在附近的帕洛阿尔托（Palo Alto），即全球首个万亿美元市值公司苹果的总部所在地，住房价格的中位数超过 300 万美元。⁴就算是受薪员工 ① 也承担不起湾区和硅谷的生活费用，六位数的收入也不足以承担四口之家的住房支出。⁵本章讲到的这三位商业性内容审核员，他们的服务对于 MegaTech 来说至关重要，但他们一年只能赚到五万美元。一年过后，他们就要在这个全世界生活成本最高的地方失业了。这些内部合同工从 MegaTech 的旋转门中走出去，留不下任何痕迹，除了一行简历，以及对人性阴暗面的感受，他们努力忘记，但却是徒劳。

---

① 即 salaried employee，与之相对的是小时工（hourly employee）。受薪员工一般是公司白领，他们的收入水平不会因工作表现而受到影响。

第四章 "我称自己为食罪者"

在商业网站上没有真正的言论自由。

——里克·赖利

OnlineExperts：云端上的小型专业公司

我和里克·赖利见面的时候，他 55 岁，是加拿大籍白人，侨居在墨西哥。他之前是一名无线业务高管，辞职之后进入了商业性内容管理公司 OnlineExperts 的管理层。这家初创公司是他的朋友兼前同事创办的，是提供全套内容审核和社交媒体管理服务的小型专业公司。他一开始拒绝了朋友的邀请，但还是渴望在一个新兴行业里闯出一番天地，最终接受了这个挑战。[1]

里克是个和蔼可亲的人，总是为客户着想。他在多年高管生涯中形成的见解，贯穿在他的观点、他对商业性内容审核以及 OnlineExperts 的实践和政策的思考中。他深思熟虑、耽于自省，显然是从管理者的角度看问题。而且，他的个人条件和完全依赖专业审核工作谋生的硅谷员工大不相同。他已经实现了财务自由，从事商业性内容审核工作是他自己的选择，不过在我们见面的时候，他基本上已经不再参与日常审核工作，而是负责管理员工。里克是一名管理者，也是小型专业公司的一名工作者，兼具两种视角，因此他的观点很有价值。他主要通过为客户呈现积极的互联网形象的重要性这个角度，来评估商业性内容审核在商业环境中的角色。对于 OnlineExperts 所提供的服务，他也是从这个角度来进行评价的。

里克慷慨地抽出时间和我交谈，2012 年的平安夜，他在墨西哥和我进行了视频通话。他在自己的家庭办公室里，穿着休闲的热带度假服装，阳光从窗户照射进来，而我身处威斯康星，窗外大雪纷飞，冷风呼啸。

远程办公，云端工作

里克在 OnlineExperts 初创时期开始从事商业性内容审核，后来转向为公司的审核员和团队制定审核规章政策和培训流程。他详细介绍了 OnlineExperts 的层级设置以及各个层级内部、不同层级间员工的沟通方式。OnlineExperts 拥有 260 名分散在全球各地的员工。公司虽然设在加拿大，但没有实体的总部或办公园区，所有的工作都由员工在家或在任一网络通畅的地方完成。他告诉我："我加入公司是在 2008 年初，实际上我是公司的 7 号员工。现在我们大约有 260 号了。我们在过去四年——应该说五年——取得了巨大的发展。我从 2000 年到 2008 年初所做的就是内容审核，凭借这些管理经验，我与公司一同成长，并升到更高的职位，所以我肯定不会再辞职了。"

OnlineExperts 在里克担任高管时经历了飞速成长，这不仅反映了他的商业头脑和招揽客户的能力，也反映了社交媒体平台的崛起和普及。以前用户只在论坛和评论区互动，现在各种各样的平台和媒介都出现了。随着社交媒体环境的改变，OnlineExperts 也进行了相应的转型。他解释说：

> OnlineExperts 在 2002 年实际从事的就是内容审核。多年来，基本上从开始进入这一领域之时，我们都在审核报刊网站上的新闻内容。我们会审核一些视频或电视节目、视频直播，人们会在上面发表请求和评论。我们在 2008 年赢得了首个大客户—— 一家媒体公司，我们就开始为它审核在线内容。我们是第一个吃螃蟹的人，那时候没有其他竞争对手，审核工作都是由报社自己完成的。我们开始提供这项服务，后来报刊网站的客户越来越多。那时候 Facebook 的品牌页面还没出现，或者说刚有个雏形吧。当我们步入正轨的时候，一些媒体公司和其他公司说："好吧，我们创建了一个 Facebook 页面，上面有些内容需要找人审核。"于是我们就将业务扩展到了 Facebook 页面审核。你知道的，最近 Google+①、Instagram 和 YouTube 之类的品牌页面都出现了。现在我们的大量营收实际上来自社群管理，也就是维护品牌形象。

---

① Google+ 是谷歌于 2011 年推出的社交网站服务，包含社交圈、社群讨论、多人视频聊天等功能。

MegaTech 的商业性内容审核员每天都要坐公司的班车进入硅谷园区工作，偶尔才会在家办公。与之不同，OnlineExperts 的员工分散在全球各地。公司没有实体总部，没有办公室，没有员工和团队能够聚集的地方。他们在全球各地远程办公，地点通常是在自己的家中。里克详细介绍了 OnlineExperts 的人员配置模式，介绍了 OnlineExperts 如何通过各种公开、商用的互联网工具来管理员工的工作流程。这些基于云端和网页的工具大多可以通过公开途径获取，这意味着公司在技术性基础设施方面没有太多的开销，没有实体办公场所也节省了成本。公司完全不能控制它所使用的这些工具和服务，但里克仿佛也并不担心。

我们的260名员工没有办公室，从首席执行官到普通员工，每个人都在家办公，依靠那些沟通工具来进行交流，在我看来，各方面运行都很顺畅。我们各个团队都使用网络聊天室，我们有13个客服经理，每个人都有一个团队聊天室，管理层的成员可以加入。审核员可以在里面沟通协作，比如说："注意了，这个需要处理。""这个网站要特别注意。"它也是员工闲谈的地方，员工在这里聊天，缓解压力。你不是一个人坐在家里工作，还可以和你的团队成员闲聊，他们身处世界各地，在北美或者其他地方。我们使用 Google Talk① 进行一对一沟通。Google Hangout 我们也用，那里最多能容纳10个人，

---

① Google Talk 是谷歌于 2005 年推出的即时通信服务，2016 年被即时通信和视频聊天应用 Google Hangout 取代。

所以我们经常会用 Google Hangout 或者 GoTo Meeting 开团队会议。我们还使用……对了，还有 Skype，以及电话。我们使用的沟通工具就是这些，它们都是可以公开获取的，我们在其中没有任何专利权。

里克认为他和他的团队使用的在线平台是"公开的""非独占的"，也就是说，OnlineExperts 公司不是它们的开发者或所有者，甚至没有相关的控制权。如果他们依赖的某个工具消失了、中止运行或者提高收费使得公司预算大增，OnlineExperts 该如何应对就不得而知了。令我特别好奇的是，里克在其他情况下是热衷于作区分的，但对于公共工具和私人工具的区别，他并没有很清晰的认识："我们使用 Google Sites[①] 作为办公平台，每个团队都有自己的页面，页面中还有客户分组，包含所有客户信息。我们有一群技术人员负责开发审核工具，他们开发的工具能够将 Facebook 的内容提取到我们的工具中，当我们修改或删除内容时，Facebook 页面上的内容会被同步删除。"

除了这个专门开发的小工具以外，OnlineExperts 在商业性内容审核和品牌管理过程中避免使用自动化工具和定制化平台，并且还以此为荣。他们不能控制用来协调审核工作和进行内部沟通的工具，客户也不会希望自己的专有信息被第三方获取，但里克认为这个问题无伤大雅。相反，他认为技术精简是公司服务的一

----

① Google Sites（Google 协作平台）为企业提供在线实时协作服务，允许多个使用者在网页上同步编辑文档。

个卖点："我们使用人工审核，这是我们向客户宣传的重点之一。我们不使用自动化工具，不使用过滤器，不会试图将审核流程自动化，我们有人力资源，你知道的，人工审核比过滤器和工具要准确得多。不过的确，人总会犯错，一些错误是免不了的。"

虽然没有足够的技术力量和人力资源来开发定制化工具，但OnlineExperts 公司还是成功地建立起了一个运行系统，这个系统需要员工熟练掌握特定的工作流程规范，能够迅速地找到他们审核的某个品牌和产品的相关信息。通过这种方式，OnlineExperts 将商业性内容审核决策的准确性、及时性和适当性完全托付给了审核员，对于员工进行沟通和审核活动所依赖的平台，OnlineExperts 也非常信任它们的可用性。

品牌保护方面的社交媒体专长

OnlineExperts 公司最初只向新闻和媒体公司提供商业性内容审核服务，它们的网站评论区很容易在短时间内瘫痪，演变成发泄仇恨的舞台。随着审核需求的增加，公司迅速将相关业务拓展到了其他社交媒体管理的领域。它开始将业务重点放在那些不具备社交媒体专长的客户上，这些客户的主营业务往往与社交媒体和科技无关。它们想在多个社交媒体平台上（比如 Facebook、Twitter 和 Instagram）打造自己的品牌，但又缺乏在这些平台上维护品牌形象的专业知识和专业人才，尤其遇到某条信息引起众怒、或者某个宣传活动产生意想不到的后果并引发品牌危机的情况。

OnlineExperts 公司看到了这个拓展业务的商机。里克介绍了公司在客户商业模式中的定位，以及所能提供的服务："我们给自己的定位是品牌保护。品牌保护比较常见，但也包含品牌管理。事实上，我们的品牌管理客户很多都是广告公司，它们是品牌的管理者。很多时候，它们会给我们提供内容日历①，和我们合作，在特定的网站上创建内容。"

OnlineExperts 的内容审核员不仅负责监督和删除可能威胁品牌形象的有害内容，还会创建新的内容，在网站上植入信息和话题，以此来鼓励消费者参与互动，帮助企业树立品牌和产品的正面形象。这些活动都在幕后进行，审核员不会暴露自己的身份，而是以公司和品牌的名义发布内容，甚至会假扮成与公司无关的普通消费者。里克说：

> 我们以品牌的名义发言，与消费者互动。我们仍然会做大量审核工作，所有的站点都需要审核，但我们的业务已经大大拓展，包括分析和撰写报告，比如情况进展如何，各个社交媒体平台用户对这个品牌有什么看法；还有情绪分析，无论用户评论是正面的还是负面的。客户在遇到危机时会向我们求助。有一些客户之前并没有跟我们合作过，但他们团队里忽然有人干了蠢事，导致他们的 Facebook 页面炸了锅，就会请我们来处理危机。我给你讲一个例子，这是我见过最

---

① 社交媒体的内容日历会提前计划好公司准备在社交媒体上分享哪些内容，在哪一天的哪个时间段分享，在哪些场合和平台分享。这样做的目的是节省精力、保持内容的一致性、为重要日期提前做好准备。

荒唐的事情。大约一年前，一个零食公司发布了一张支持性少数群体的图片……不到四个小时，他们的 Facebook 页面就涌入了两万多条评论，其中有大量的反同性恋言论。我不明白人们为什么要在一个零食品牌的 Facebook 页面上做这样的事情，反正他们请了我们来处理。这种事情十分常见。

在这种情况下，OnlineExperts 会被请来收拾乱局，降低损害。它会删除那些令人生厌的恶意评论，在品牌的各个社交媒体页面上植入正面信息来引导舆论走向。这些活动会在暗中进行，人们不会知道这些内容出自一个促进产品和品牌与人们的正面互动、删除不符合品牌形象的信息的公司。公司以这种方式，在幕后将内容和互动往该品牌想要的方向去引导。公司可以根据客户的情况提供定制化的在线品牌管理方案，为客户塑造独一无二的品牌调性，实现客户与公司商定（通常还会有一家广告公司配合）的具体目标。OnlineExperts 这样的小型专业公司，其特点就是专注于细节，针对单个客户的需求提供定制服务，并且能够同时在多个社交媒体平台上管理用户体验和品牌形象。

另外，虽然 OnlineExperts 是个加拿大公司，但它的很多大型跨国客户分布在北美各地，因此审核员需要根据不同的文化环境，以及每个客户的不同情况、价值观进行调整。里克认为这是对公司业务的一个挑战。不同客户对风险和争议内容的容忍度也有所不同，公司的商业性内容审核员需要在各种方案之间进行灵活切换，还要知道哪些事项会随着客户地理位置的不同而产生变化。

保持稳定的品牌调性是很难的，除非你创建一些模板，我们也会设计话术——里面写着"如果发言者说了这些东西，就要这样回复"。但很多客户不想要模式化的语言。他们想要用自己的话包装过的话术，这样就能继续促进品牌形象。我们需要对员工进行培训，让他们了解这个品牌的文化和调性，知道怎样用自己的话对话术进行包装，让它们能够对品牌推广有所促进……在社群管理业务中，这种培训一直是个挑战。在内容审核方面，每个网站都有其独特的价值观和审核规则。有的审核员同时为多个品牌审核内容，有些新闻网站允许人们自由上传内容，有些新闻网站则很严格。如果你在同一天里审核一个极其严格的加拿大网站，还要审核（一个美国的新闻网站），你就要保持头脑清醒。作为审核员，你需要知道不同客户适用哪些不同的规则，或者你要有一种简单快速的方法来检查每条评论，确保它们都是符合规则的。

员工价值观与公司需求：OnlineExperts 的员工

多年来，随着公司客户群和服务种类的改变，OnlineExperts 聘用的合同工的年龄结构也发生了改变。MegaTech 积极招募刚毕业的年轻大学生从事商业性内容审核工作，因为这些人比较熟悉社交媒体。与之不同，早期的 OnlineExperts 需要另一类人才。它招募那些提前退休和超过 40 岁的员工来为新闻网站提供审核服务，因为年轻员工理解不了须审核的那些有新闻价值的国际事件的背景。里克告诉我："当我们刚开始审核新闻评论的时候，你知道的，做审核员的工资不算太高，每小时 10 美元，也不算低……这是一份居家工作，你会有保底工作时长之类的要求。当我们开始为大型新闻网站审核内容的时候，曾经招募了一批大学生和兼职人员，但我们很快就发现，他们不适合审核新闻网站。虽然这些人都是大学生，但对国际事件的来龙去脉还是一窍不通。"

这让我想起凯特琳，她也难以理解 MegaTech 上那些内容的背景。里克显然发现了一种需求和商机，但公司仍然需要解决代沟的问题。在早期审核新闻网站时，公司不得不用年长的员工来代替年轻员工，但当客户要求审核社交媒体网站时，公司就得再用回年轻员工。

很多早期员工仍然在公司就职，但他们确实用不惯其他社交媒体。他们不用 Facebook，不用 Twitter，所以当我们开始审核 Facebook 页面时，我们的员工平均年龄变得低了。年轻人更习惯于使用这些工具，能搞清楚 Facebook 帖子的内容及产生背景，他们知道人们为什么会在 Facebook 上发帖。我不想用"老一辈人"这个词，因为就社交媒体（用户）来说，我也是个老人，今年已经 55 岁了。但我没有落伍，而我的很多同龄人并不理解社交媒体背后的逻辑，不理解人们使用 Facebook 的原因。所以公司便又转向年轻员工。到现在，越来越多的老人也习惯用社交媒体了，员工的年龄结构就又有了新的变化。

和我访谈的其他商业性内容审核员一样，里克认为审核员需要理解自身价值观和客户价值观的不同，在工作中要将前者抛之脑后，从后者的角度思考问题。在审核报刊和媒体公司瞬息万变的论坛时，这是个独特的挑战。尤其当有重大新闻事件发生的时候，审核员会发现自己处在不断升温的局势当中，这对他们的道德准则构成了直接的挑战。里克解释说：

难点在于要将你自己的想法、信念和原则抛开，按照客户的要求来审核内容。有些新闻网站可能支持美国全国步枪协会，有些新闻网站可能支持枪支管制，所以你在审核时要放下你个人的观点，不是说"我觉得这条评论是合适的或者不合适的"，而是说"我需要保留这条内容，因为客户觉得这是合适的"。确实有些人做不到这一点。他们放不下自己的个人观点和想法，做不好审核工作，因为这完全违背了他们的信念。这种事情你在招聘的时候是问不出来的，要是问："你能做到吗？"每个人都会说自己能够做到，但实际情况又是另一回事。这会不会给他们造成困扰？我们有些员工说自己在晚上睡不着觉，这不是因为他们的信念体系，而是因为那些极其可怕的言论，它们可能涉及枪支管制、反同性恋，或者涉及加拿大印第安原住民和白人之间的严重矛盾，有些评论带有严重的种族歧视和反同性恋色彩。要想成为优秀的审核员，你必须要能够在下班后忘掉工作。在某些方面，你可以训练员工做到这一点，但有些方面，你确实做不到。有时候员工离开公司，仅仅是因为他们无法应对这些内容。

里克和 MegaTech 的商业性内容审核员一样，对呼叫中心／业
务流程外包公司和零工平台上的国际员工怀有偏见。在里克看来，
OnlineExperts 拒绝使用这类员工，是它在差异化竞争中所体现的
一个优势。不管怎样，从税收和就业形式来看，公司的所有员工
都被视为合同工。我们不清楚 OnlineExperts 是否为员工提供了任
何形式的福利，从里克的评论和员工分散在全球各地的事实来看，
可能并没有。雇佣"合同制"员工有利于公司逃避各地的劳动规
定（在这个案例中是加拿大的联邦和省级规定），让公司能够在
有需要的任何地方招募员工，并且根据业务和客户的需要迅速扩
充或裁减人员。

> 我们用的都是自己人——我们有全职和兼职员工，但都
> 算是公司自己的员工。我们没有找人力派遣公司，因此员工
> 都是自己人——有些员工是长期合同工。我们也有国际员工。
> 这是一家加拿大公司，但我居住在墨西哥，所以我虽然是公
> 司的雇员，但也算是合同工。我们不会将业务外包给第三方
> 审核公司，员工们都是专门为我们一家审核公司工作。有些
> 员工还有其他兼职，有些兼职员工有自己的本职工作，但他
> 们都被视为 OnlineExperts 自己的员工。

"有时候会词不达意"：作为商品的本土文化语言知识

里克提到，OnlineExperts 之所以不使用外部的内容审核合同

工，关键在于公司需要确保审核员拥有本土社会的文化知识和语言知识，特别是他们在论坛和在线空间植入内容、与公众互动的时候。换句话来说，OnlineExperts 的服务由北美和英国的员工提供，他们能够悄无声息地混入由讲英语的美国用户和加拿大用户主导的聊天进程和社交媒体内容中。OnlineExperts 员工在这些空间里的互动往往是暗中进行的，成功的基本标准是不能引起不必要的关注，不能让别人觉得你不真实或者不自然，否则品牌信息和审核效果就会大打折扣。在这些场合中，如果你谈论某样产品时使用了不符合本地习惯的措辞或生硬的语法结构，就会被别人看出你是一位职业审核员，而不是一位普通的零食爱好者。因此，本土的语言文化知识是这些商业性内容审核员开展工作的重要资源。[2]

很多客户和潜在客户都希望让我们来完成这方面的工作。虽然有些海外公司的报价更低，但（我们客户的）很多品牌，实际上是大多数品牌，都以英语为主要语言。他们非常希望让以英语为母语的员工从事审核工作，特别是在参与社群管理的时候。有些人是以英语为第二语言，说和写的能力都不错，但他们的表达有时候会词不达意，或是时态混乱，品牌方就会不太满意。所以我们决定以亲力亲为作为我们的卖点。我们不会委托第三方公司。

随着客户群的扩大，OnlineExperts 愈发需要来自北美和英国地区以外的本土语言文化知识。OnlineExperts 服务的一个重要特点是它可以提供世界上多个地区的母语服务人员，他们熟悉当地的文化环境和社会规范。简而言之，OnlineExperts 能够提供的本土知识对客户来说至关重要。

我们有一个客户是沙特阿拉伯的（一个新闻频道），所以我们在当地招募了一批审核员。我们在加拿大也有一些具备阿拉伯背景的审核员。这些客户的审核规则与美国大型报刊之类的审核规则很不一样。我们在审核其他语种的内容时需要有一定的文化敏感性。我们能审核的语言大约有 20 种，在全球各地都有员工，包括像我一样的侨民，居住在墨西哥的员工有些是加拿大人和美国人，但公司也会招募以西班牙语为母语的墨西哥人，用以审核西班牙语的内容。所以，应对不同的文化环境，从规则中感受每个国家的不同，这是非常有趣的。

"我已经把它抛在一边了"：应对 OnlineExperts 的工作

作为管理者，里克表达了他对审核员身心健康的担忧，但远程办公意味着他们与 MegaTech 的员工不同，他们无法聚在一起，无法一起吃午饭，无法在下班后一起喝点东西放松。他们不能获得任何心理咨询服务，连 MegaTech 那种简单的心理咨询服务也没有。在里克看来，鼓励审核员把控好生活与工作之间的距离是有难度的。

里克不太清楚这份工作对员工的实际影响，他对此的了解仅限于自己的观察，以及他多年前亲身从事内容审核的经历。他注意到员工常常难以摆脱工作的束缚，除了担心员工的健康之外，他还担心员工持续工作会导致审核质量下降，导致他们过劳。里克觉得，这份工作的性质——居家办公，7 天 24 小时全天候运行，只需点几下鼠标或查看一下手机就能回到工作场景中——是他们无法从工作中脱身的原因之一。

　　无论是全职员工还是兼职员工，他们都会给我们同样的反馈："客户不知道我们有多关心他们网站上发生的事情。"这很不可思议，我们当然会 7 天 24 小时全天候运营，每个时间点都有员工在审核内容。但很多员工在下班后仍然待在我们的内部聊天室里，几个小时后仍然不愿离开，因为他们想跟踪事情的进展。他们太沉迷于这份工作了，这同样是一个挑战，因为你是在家办公的，你不会在下班后开车回家，然后把工作抛在脑后。你的电脑一直是开着的。

　　里克认为他能在商业性内容审核行业取得成功的一个原因，便是他能够把工作和生活区分开来。MegaTech 的员工同样会这么想。但这样的区分并不是每个人都能做到的，如果我们采取一些行动，将一位审核员的工作经历和生活经历割裂，他会在两者之间实现平衡吗？还是会陷入矛盾之中？他会在未来的生活中受到哪些影响？这些都是未知数。从对 MegaTech 员工的访谈中可以看出，即使他们认为自己能够成功地将工作和私人生活区分开来，实际也不一定能够做到。而且，里克的收入和财务状况都相对宽裕，能够通过多种途径释放压力，大部分商业性内容审核员都不具备这样的条件。里克说："真正的挑战是在工作中时刻保持专注，正确运用规则，并且能够在下班后将工作抛在脑后，不理会别人写了什么东西。从事审核工作时，我会在下班后去游游泳，或者邀请朋友来聚会。他们会问：'噢，今天有什么新鲜事？你都在网上泡了一整天了。'我说我不知道。我已经把它抛在一边了。但有些员工做不到这一点。"

"玻璃心者勿入"：网络的性质和商业性内容审核的干预

很明显，在我们的访谈中，在里克看来互联网是一个完全务实的空间。对于他和 OnlineExperts 公司来说，互联网有两个用途，首先，它是企业及其品牌、产品开展商业活动的地方，其次，它为 OnlineExperts 公司协助客户企业与消费者互动提供了便利。有人认为社交媒体是进行民主参与的地方，所有言论都有价值，都是平等的，互联网是一个言论自由的空间。但里克很少有这种浪漫的情怀，他将互联网看作一系列的商业地带，企业可以在这里任意设置参与规则，然后让他和他的员工来执行。

在很多这类网站上，特别是新闻网站，很多用户会说："为什么我的内容被删除了？你有什么权力删除我的看法？"但他们忘记了，这是个私营网站。你可以在自己的家里光着身子走来走去，但不能在沃尔玛超市里这样做。同样的道理。你在别人的网站上，并且已经同意了使用条款，毕竟每个人在登录时都要点击同意。所以在商业网站上没有真正的言论自由。如果想要言论自由，你可以创建自己的博客，然后允许上传任何内容，这也许是真正的言论自由。但只要你访问的是商业网站，你同意了使用条款，那在这个网站的行为就不再是自由的。而且，正如你所知，我是加拿大人，从加拿大人的视角来看，加拿大宪法里本来就没有规定言论自由。按照法律规定，有些东西你是不能说的。

有些不满的用户会搬出"第一修正案"①，里克很快指出，这是美国人的观念，与他这样的加拿大人没有太大关系。有些用户会因为内容被删除或者其他幕后的职业审核活动而大呼小叫，但里克丝毫不为所动。他很清楚 OnlineExperts 的目标，以及掏钱购买这类服务的客户想要做什么。

即使是在美国也不成立，因为就算在美国，你也不能随心所欲、想说什么就说什么。要知道，一些国家的言论自由程度比其他国家高很多，但那也不是完全的言论自由，因为总会有些审查制度或文化敏感性存在，它们会约束你发言的尺度。你不可能在剧院里喊一嗓子"着火了"。若是有完全的言论自由，你是可以这样做的。所以，社会每个层面上都有一些条条框框，互联网也一样，只不过有人不喜欢这个事实，

---

① 指美国宪法第一修正案："国会不得制定有关下列事项的法律：确立国教或禁止信教自由，剥夺言论自由或出版自由，或剥夺人民和平集会及向政府请愿申冤的权利。"

不想承认它，或者不愿意承认它。

归根结底，里克认为商业性内容审核是一项关键的工作，没有了它，对大部分人来说，互联网将变得不可用。但他也意识到，OnlineExperts 的员工需要掌握一种平衡，懂得在什么时候、以何种方式干预。掌握这种平衡需要人类的智慧和专业知识。OnlineExperts 希望找到最佳的平衡点，使干预措施围绕着这个点展开。我问他，没有内容审核的互联网会是什么样子。

会成为一个大粪坑，你明白吗？事实上，我们的一位客户——我们审核他们发表的所有报道，也审核所有的评论。他们有个版块叫"论坛"，如果在地图上，这块地方可能会被标注为"此处有龙"①。在论坛上发言要小心，因为如果没有审核的话，那里会是一片混战。我觉得在互联网上发言不可能改变别人的想法，所以如果遇到政治、宗教甚至是体育队伍方面的争吵，人们会变得极其好斗，会进行大量的人身攻击。"玻璃心"的人不应该访问这些审核缺位的网站，因为他们很快就会颓废堕落。这就是掌握审核平衡的挑战所在：你不能只保留正面评论。新闻媒体或者 Facebook 上面的品牌希望人们访问它们的网站。如果你的审核太过严格，网站访问者就会流失，因为你只允许别人夸赞这个品牌，这同样是不现实的。什么内

---

① 中世纪的欧洲人会在地图上未经探索或危险的区域里画上各种怪兽，并标注"此处有龙"（Here be dragons）。

容是合适的，什么内容是不合适的，两者的分界线在哪里，这些都需要权衡。如果放任不管、不进行审核的话，不合适的内容很快就会出现。但合适与不合适的分界点在哪里？

对里克、OnlineExperts 和他们的客户来说，品牌保护比任何有关言论的看法都重要。事实上，他们管理的言论与民主的自由表达无关，与客户、品牌和消费者的互动密切相关。但正如里克所说的，如今有哪个互联网空间不带有某种程度的商业色彩呢？他的答案是很少。互联网也是一个被监控和管制的平台。它的结构由一系列高度规范化的技术协议和流程组成，建立在后端的商业化数据管道之上，但它又拥有面向用户的前端，包括 OnlineExperts 在内的各种主体在前端审核和操纵内容，以达到既定的目的。由此看来，商业性内容审核与其他管理在线数据流的协议和功能一样，都是一种重要的管控机制，尽管它不太为人所知，也许还更加难以预测。OnlineExperts 的活动和它围绕一家零食公司的品牌声誉所做的内容操纵，乍看之下似乎无害，但它表明有很多东西正在受到威胁、正在被当做商品出售，比如说用户在网络社交空间里看到的内容，它们的真实性和可靠性就处在这样一种境地。

早期对新闻的审核

2012 年夏天，我在纽约采访了梅琳达·格雷厄姆。跟她同居的伴侣是一位数字新闻行业的高管，曾经为美国多家全国性大型报刊工作，也担任过硅谷公司 YouNews 的高管，YouNews 是互联网新闻和内容的先驱。梅琳达曾经做过商业性内容审核的合同工，在洛杉矶居家办公，每周为她伴侣所在的公司工作 40 个小时。

梅琳达 40 来岁，是一位白人同性恋者。她曾经做过几份创意型工作，投身于平面设计和时尚行业。在成为商业性内容审核员之前，她长期活跃于社交媒体和互联网社群中。她曾经积极投身于在线社群和个人博客网站 DearDiary 的志愿审核工作，审核过一些富有争议、访问量大的论坛。由于她的伴侣在 YouNews 工作，而且她又有从事志愿审核工作的经验，她在 YouNews 的数字新闻网站上以小时工的身份找到了一份全职有偿工作。我来到她舒适的纽约公寓里聊了一晚上，她和她的伴侣克里斯合租在那里，克里斯也在场，还有几只高龄的猫咪。

那时候，梅琳达在我访谈过的商业性内容审核员当中是离职最久的。她 2007 年加入 YouNews 公司，2008 年离职。不管怎样，她在几年后对她的工作经历和感受仍然记忆犹新，这些感受大多是负面的。她对自己的个人身份和价值观有深刻的见解，而她所审核的内容却经常与此产生冲突。她也思考过有偿审核工作和 DearDiary 上的志愿审核工作的差异。另外，她深刻地体会到社交媒体作为表达空间的价值，以及社交媒体对于用户的影响、对于依赖社交媒体内容审核工作谋生的工作者的影响。她告诉我：

> 我当时正准备去读时尚设计学校。我有一份很成功的工作，本可以一直做下去。我是一名平面设计师和制作艺术家，但我不会开车，所以每天要坐三四个小时的公交车，这就是

洛杉矶的生活。这影响到了我的伴侣，因为她不得不在深夜放下所有事情来接我。而且每顿饭都要她做，因为我每时每刻都在工作。深夜在洛杉矶坐公交车又不太安全。所以她经常说，为什么你不去做自己一直想做的事情呢？为什么不去读书呢？我感觉非常幸运，因为她在 YouNews 工作，那里正好需要有人做（商业性内容审核员）。她对这件事有管理权，而他们刚刚开始与 YouNews 和（一家电视新闻杂志）做这些业务。如果她不是那家公司的员工，我肯定拿不到当时的时薪，能拿到的钱会少很多。

她刚进入 YouNews 的时候，这家公司正在扩展业务，为许多品牌和网站审核论坛和在线讨论区。与 OnlineExperts 相似，YouNews 的关注重点不是在这些空间中鼓励发言，而是根据客户的品牌管理和品牌保护需求促进互动。就像 OnlineExperts 一样，YouNews 不仅要求梅琳达审核他人发表的评论，还要求她发起讨论，鼓励用户参与，把舆论往特定的方向引导，或者通过她的评论将用户吸引到某篇报道或者某个论坛上来。她觉得这样的工作很难，也很荒谬。

我管理过 DearDiary 的社群，做过文案编辑，也有艺术经验，所以这份工作在我看来是个大杂烩：我要致力于保护那些品牌，保护那些品牌关系……我只在那些品牌网站上审核评论，避免它们损失客户或者损害与其他公司的关系。所以，一开始我什么都做，但偏重于评论。后来我发现，我实际上主要是在做评论相关的工作，但同时也要上传很多图片，发布病毒式内容①……我不太擅长发布这些，这太难了。我不能以 YouNews 员工的身份出现在网站上，我要偷偷摸摸地干。我要捏造许多假身份进入 YouNews 群组，然后说："嘿！这段关于轮滑的内容太棒了！你们一定要来看一看！"（笑）

身份、禁止不雅用语、言论自由的范围

刚成为商业性内容审核员时，梅琳达发现自己很难在禁止不雅用语的同时允许用户自由发言，还要保护 YouNews 的形象以及 YouNews 与其在在线论坛中代表的其他品牌或企业之间的商业和广告关系。她发现这种平衡几乎是无法达到的，尤其是当评论和内容中充斥着种族歧视、反同性恋、色情内容和人身威胁的时候。

你知道吗？作为一个审核员，我最气愤的就是，我除了删除评论以外什么也做不了。我不能直接评论，也无法转移话题。如果我一时头脑发热，取一个假名在上面说："我是审核员。"接着会发生的事情就是他们总是会假定你是男性，然后骂你是"死基佬"，说你在审查他们的言论。他们会说：

---

① 病毒式内容传播，又称病毒式营销，指通过社交网络发布在线内容，引发消费者的主动分享，从而使该内容像病毒一样传播开来。

"爷们一点不行吗？像个男人一样过来当面跟我说，为什么你要删除我的评论，兄弟！""审查，第一修正案，哎呀！"然后我会想："这太荒谬了。"到了后来，很多时候我删除评论的速度不够快，我就会回复他们说："我是评论区的审核员，我不是在审查你的言论，你说了'懒猴'和'湿背人'，[①]论坛禁止使用这些词汇。"可能我的发言像个女孩子，他们就会说："你这个婊子！你这个贱货！我要上了你。"你是斗不过他们的。令人沮丧的是，有人觉得删除评论就意味着你侵犯了他人的言论自由。我不同意这种看法，这太愚蠢了。但我觉得YouNews公司的管理层会说："我们不想卷入这种争论当中，我们不希望人们觉得我们在审查他们。"但这样的话，我何必要审核呢？一想起这些，我的头就快要炸了。

梅琳达非常同情边缘人群，这使得她在审查网站内容时更难应付一些用户的攻击，她对那些在日常生活中遭受身份歧视的人有很强的共鸣。自由表达的权利似乎总是让侮辱他人的用户获得比被侮辱的用户更大的权力，这让她感到十分虚伪。她有一种利他主义情结，希望能够保护那些更易受到伤害的用户免受攻击。这是一份压在她肩上的责任重担。

　　我们必须衡量一下，一个人骂人的自由，和有色人种、同

---

① porch monkey 是对非裔美国人的歧视性用语，wetback 是对非法入境的墨西哥人的歧视性用语。

性恋者访问网站免受伤害的自由，哪个更重要一些。你看啊，胡言乱语的权利，怎么会比一个人不用整天在大街上被人骂"死基佬"的权利更加重要呢？怎么会比一个人不用在论坛上一次次地被骂"死基佬"的权利更加重要呢？难道你说出"死基佬"的权利比这个人不听到"死基佬、死基佬、死基佬"的权利更加重要吗？醒醒吧！

梅琳达发现，除了不断出现的反同性恋咒骂之外，种族歧视用语也会引起她强烈的不适。词语过滤器可以将她审核的平台和网站上的某些不雅用语自动删除，但用户往往会找到办法绕过系统，用一些技巧来发布违禁词，或者将种族歧视用语以改头换面的新形式发出来。有时候，梅琳达甚至要查询一番才能确定这是违禁词。她告诉我：

> 脏话显然是个大问题，但即使是 YouNews，也只能用过滤器来删除一些基本的违禁词。你不能说"操"，你不能说"N"开头的那个单词①，所以我不会经常看到那些词。但人们总会找到办法绕过过滤机制。脏话仍然存在，只不过是变成了"懒猴"和"湿背人"之类的词语。违禁词名单永远都不够长，因为很不幸，种族歧视的用语实在太多了……你会不断看到它们……只能去适应它们。你能明白吗？这糟透了。

---

① 即 Negro（黑鬼），对黑人的歧视性用语。

梅琳达接着强调，商业性内容审核需要由人工完成，或者至少由许多人进行监督，因为像违禁词列表这样的自动化工具往往会被用户绕过，从而失去效果，就像她描述的那样。但和其他西方职业审核员一样，她认为自己的文化素养和语言能力能够使她更有技巧地处理种族歧视和其他方面的辱骂。

这就是为什么让菲律宾员工和自动化工具来做这件事情是毫无效果的，因为人们会尝试用各种方法说出"N"开头的那个单词，他们会找到办法绕过过滤器。你只需要在词语中间加上几个星号就可以了。懂我的意思吗？虽然中间加了星号，但人们还是能看到整个单词。大把大把的强奸笑话，还有"婊子"，还有"给我做个三明治"①。

她还指出，有些侮辱并不是赤裸裸的脏话和辱骂，而是以更加微妙复杂的方式出现，比如援引《圣经》，或者使用一些专门用来辱骂和激怒他人的短语。

有些侮辱性评论虽然不包含脏话，但包含了很多经文……非常多，宗教似乎成了一种武器。我会首先找出这类内容。我平时很少看《圣经》，但那些内容都是一样的，比如"你会下地狱的"。他们不会说："不要论断别人。"②他们总是会说：

①　即"make me a sandwich"，这句话包含了对女性的不尊重。
②　出自《马太福音》7：1，"你们不要论断人，免得你们被论断"。

"你会下地狱的，你是个可憎的人，你是垃圾。"这些内容是我无法容忍的。原因我说不上来。有些人可能觉得这没什么，但我觉得这无法接受。我甚至不觉得这是一种消极对抗式的攻击——这是相当主动的。

梅琳达敏锐地意识到，她拥有多个相互交织的身份，这些身份与她作为商业性内容审核员需要阅读和观看的内容是格格不入的。她很苦恼，她的身份似乎使她成为被人攻击的对象，作为审核员，她更容易受到这种攻击。她感觉到，要想做好审核工作，就必须提高自己的心理承受能力。她在访谈中一直提到这一点。

我是同性恋者，我是女性，我是无神论者，我是工人阶级女性，我（与另一名女性）结婚了。我就是那些用户所讨厌的人，这就是我的身份，正如我之前所说的，你在审核时最好不要公开这些身份，因为他们会不分青红皂白地指责你有自由主义偏见之类的。难道一位异性恋白人男性的观点就会更加客观吗？我不太理解这种逻辑，但是好吧……你懂的，就是先入为主地给你贴标签。如果我能够亮出官方审核员的身份，比如用一个特殊头像和不同颜色的名字之类的，我可能不得不选择一个非常中立的身份，比如"YouNews 审核员"。我甚至连女性身份都不能展示，更别提其他了，否则就会遭到很多攻击……然后他们还会质疑你的审核工作站不住脚。

"我曾经称自己为食罪者"

在 YouNews 做了一段时间的商业性内容审核员之后，梅琳达发现自己越来越难以自拔，即使在下班后，她也会想着在她没有进行审核的这段时间里会发生什么事情。她开始投入更多的时间，甚至超出了劳动合同的要求。由于审核论坛内容所引发的焦虑和不安，她的精神状态每况愈下。她越来越焦虑，越来越觉得自己有责任去进行干预，保护他人，特别是她删除的很多攻击性内容都把矛头指向某些阶级、种族和性取向。

实际上我哭了很多次。做那份工作的时候，我总是觉得自己很脏。我很焦虑，你能明白吗？我每周只需要工作 40 个小时，但实际上我的工作时长要长得多。就是因为我不能……你知道的，我会躲在课堂外面查看论坛，尤其是我和某个人发生口角的时候，我更无法忍受把那些内容继续留在上面。我知道它们对我产生了怎样的影响，我不希望别人也受到类似的影响。在生活中，我会尽量避免和那些没素质的人渣争吵，尤其是当牵涉我的各种身份、我的朋友和我关心的人之时。所以实际上，直接跟他们交涉是相当难的。一段时间过后你会有些震惊。而且你真的会非常投入。我觉得我可能更多地扮演了保护者的角色，这也算是一种自我保护的方式，能够使自己不会对某些内容耿耿于怀。我经常会幽默一下。我会嘲笑一些特别不好的评论，因为它们太糟糕了。我从来没有见过用户上传的儿童色情照片，但我进行过两次上报，当时有人发表了一些关于强奸儿童的评论，十分令人不适。

同时，梅琳达也认识到自己的能力有限，无法带来任何改变。这让她感到沮丧和无助。

> 梅琳达·格雷厄姆：我的意思是，这是互联网，言论自由。我只能说，你可以随意谈论强奸儿童的事情。（苦笑）
>
> 我：你只能把它们删除并上报。
>
> 梅琳达·格雷厄姆：这是我唯一能做的事情。这份工作能做的事情很少。
>
> 我：你会感到沮丧吗？
>
> 梅琳达·格雷厄姆：非常沮丧。我曾经称自己为食罪者（sin-eater）。
>
> 我：食罪者？
>
> 梅琳达·格雷厄姆：是的。我吸收了所有的负能量。而正如你所知道的，我没起到任何作用，因为他们可以跑到别的地方去发言。如果你登录 weather.com……weather.com……这可是个天气网站啊！上面整页整页的内容都在引用经文来说同性恋者都会死、都会下地狱。这是个天气网站！即使你发了一只猫的图片，都会有人评论说："死基佬。"可能就只有两条评论会说："噢，猫咪真可爱。"你能明白吗？（苦笑）所以，我真的搞不清楚，我想告诉自己，这些人只不过是一小撮坐在地下室里反社会的青少年罢了。但这样的人非常多。这真的让我对人性都不那么乐观了。恶心的言论这么多，不

可能都是由一小撮人发表的。

"食罪者"是在威尔士和英格兰广为流传的一个民间传说形象，作为净化者，他/她要吃掉摆放在刚离世的死者身上的面包或麦芽酒，它们代表了死者不可饶恕的罪恶。食罪者通常是社区里的穷人，他/她通过这种方式背负死者的罪恶，从而获得经济补偿。[3]因此，那些经济不稳定的人更有可能成为食罪者。作为一名商业性内容审核员，梅琳达在这个被遗忘的英国传说形象身上找到了自己的影子，而不是某个在科技行业或社交媒体行业的人。

我们访谈到这里的时候，梅琳达的伴侣回到了我们所在的昏暗客厅里，做了一番总结陈词。作为多年的网络用户和运营过大型在线媒体网站的专业人士，她状似漫不经心地开口："如果你给互联网开一个口子，"然后抿了一口葡萄酒继续道，"它就会被狗屎填满。"

"社群"的本质，线上和线下

梅琳达在各种在线网站和社交媒体平台上做过很长一段时间的志愿审核员，这使她能够将商业性内容审核工作和志愿审核工作进行比较，这是一种有趣的对比。她指出，相较其他在线空间而言，YouNews的审核工作缺乏职权和控制力，在遇到问题时，她不知道要在哪里获得资源和支持，也不知道如何将问题提交给上级处理。她也强调了在线社群的本质，比如DearDiary的"质疑白人至上"（Questioning Whiteness）论坛，参与者将自己看作社群的一分子，发表的内容会经过严格审核，有非常清晰的规则，所有发言者都要遵守。事实上，梅琳达觉得在 YouNews 的环境下使用"社群"的概念是带有误导性的。她认为 YouNews 的论坛不像是一个社群，而更像是一个相互攻击、恶语相向的地方，这正好是她理解的"社群"的反面。

      我在我管理的 DearDiary 社群里拥有很大的职权，它们都是自发的社群，有清晰明了、字句分明的社群规则，你必须同意这些规则……我们实际上要处理一些棘手的问题，我和别人一起管理"质疑白人至上"论坛，审核员之间会反复讨论。有个人假装自己是黑人女性，其实他是一个中年白人男子。真是活见鬼！我们只能修改规则说："如果你不是黑人，就不能假装自己是黑人。"我不敢相信我们居然要加上这条规则，你能明白吗？但事实就是这样！所以当有事情发生的时候，我们就会修改规则。我们有一些资源，所以如果某个人被警告了，我们就能给他看看他违规的地方，让他知道未来应该如何避免这种情况。这是个封闭的社群，大部分成员都在这里活动了很长时间，他们花费了很多心血来阻止有害内容生根发芽。虽然有时候会适得其反，但一般而言，如果有人说了出格的话，社群成员就会发言，并且联系我们说："你能不能解决这件事，或者处理一下这个人……"我在这里得到的授权和代理权要更多，成员们的主动性也更高。我的意思是，他们出现在这里是因为他们想成为其中的一员，这个社群有一个很具体的主题，就是呼吁白人从种族主义中吸取教训。

梅琳达在 YouNews 从事审核工作的效果使她怀疑，像这样的综合性在线论坛到底能不能促进人们之间的对话和理解。事实上，她觉得 YouNews 反而起了相反的作用，像这样的论坛和在线空间不仅毫无益处，还会造成破坏性的影响。

你可以看看 YouNews 上面那些普通猫咪文章底下的评论，你看不到那些人对社群的认同，你看不到他们对社群的建设。他们只是在丢人现眼，说"N"开头的那个单词，引用经文骂"死基佬"。你知道吧？他们没有为文明发言和真正的对话做出任何贡献。Huffington Post[1] 这种地方没那么严重，那里会有一些约束措施，点开用户的小头像，你可以看到那个人发表的其他评论。我觉得 Shakespeare's Sister 和 Jezebel[2] 这两个社群的自我管理机制很有趣，它们会根据用户的行为好坏给予奖赏或惩罚。用户可以通过点赞和点踩让恶意内容沉下去。在 YouNews 这种地方根本没有这样的机制。你唯一能做的就是点击举报，投诉它是侮辱性内容或者表示反对。就是这样，点击。

---

① Huffington Post 是一个美国大型新闻和博客网站，涵盖多种语言，创立于 2005 年，目前改名为 HuffPost。

② Jezebel 是一个美国网站，以面向女性的新闻和文化评论为特色，由 Gawker Media 公司于 2007 年创办。

这些经历给她在线上和线下的人际交往蒙上了一层阴影：

> 我觉得我的沮丧和孤立感很大程度上来源于这份工作。我以前在认识新朋友的时候，会假定他们没有恶意，但现在我对别人的态度不像以前那么乐观了。你能懂吗？当身处公共场合或者遇到朋友的朋友，我会比以前更加敏感，觉得他们可能会在心里咒骂我。如果知道我的各种身份，他们可能会笑着和我握手，同时希望我下地狱。

最后，梅琳达对综合性论坛的作用提出了质疑，她觉得它们永远不会起好的作用，相反，它们总是会把那些脏话连篇的喷子吸引过来。梅琳达与乔希·桑托斯和里克·赖利的见解一致，认为这些论坛本身就导致了她审核的这些负面内容的产生。

> 我真心觉得有 90% 的在线论坛用户并不想进行任何对话。他们就没这个想法。他们只想把心里的话喷出来。如果被骂得狗血淋头，他们会兴高采烈地继续喷下去。我觉得在现实中他们不会这样说话，因为如果在现实中也是这样，就会有人会拿着一块肥皂追着他们打。我知道很多人都有这样的想法，觉得在这些论坛里可以想说什么就说什么。但我认为那些话就是他们真正的想法。丑恶的人就是这么多。

梅琳达以职业审核员的身份参与到在线新闻论坛中，因此她面临着一个艰难的抉择。如果允许人们在这些空间里自由发言，网站上就会充斥着各种辱骂和仇恨言论、与主题无关的评论和垃圾内容；如果对这些空间进行严格的监督和审核，虽然会侵犯人们的自由表达权，但可以使大多数访客正常使用网站。显然，梅琳达倾向于后者，但令她失望的是，雇佣她从事商业性内容审核工作的论坛无一例外地都倾向于前者。归根结底，梅琳达在 YouNews 的任务是保护和管理品牌，她在访谈最后也强调了这一点。她主张人们应该关闭社交媒体网站上的这类评论区和论坛。果不其然，在接下来的几年里，包括《大众科学》（*Popular Science*）、《高等教育纪事报》（*The Chronicle of Higher Education*）在内的许多大型在线媒体网站纷纷采取行动，对内容发布流程进行了大幅整改，加入了强制性的审核环节。[4]

的确，威斯康星大学 2014 年的一项研究表明（《纽约时报》关于《大众科学》网站关闭评论区的文章中也提到），如果读者看到了新闻报道底下的负面评论，他们会更有可能对这篇报道本身产生负面的印象。[5]

梅琳达简单地总结道："人类太可怕了！（笑）讲起这些事情，我仿佛又回到了从前的日子。如果你拥有一个网站，而且找不出一个很好的理由来设立论坛，那就不要设立。它的风险很大，会出现很多负面言论，对你的品牌没有任何好处，还会伤害他人。所以不要设立它。"

第五章 "现代英雄"：马尼拉的审核工作

马尼拉的商业性内容审核：怡东城的约会应用数据把关人

2015 年 5 月，马尼拉，天气十分闷热，我坐在出租车后排，看着司机在车水马龙的街道上熟练地打着方向盘，不断绕过前面的小摩托车，将这些菲律宾独有的大众交通工具"吉普尼"（jeepney）甩在身后。我们穿过大街小巷，路过密密麻麻的街头摊贩和兜售生活用品及提供理发服务的小店。一旁的建筑上挂着"不停电"的广告，但一团乱麻似的电线则唱着反调。在主干道的远处，狭窄街巷的上方，我可以瞥见建筑起重机和正在修建的熠熠生辉的摩天大楼。尽管司机在各种障碍之间灵活穿行，但我还是感到头昏脑胀。我们驶进一条高速公路，我看到一位勇士毫无畏惧地骑着赛沃洛（Cervélo）牌公路自行车在路肩上飞驰而过，而我们被困在车流中不能动弹。

我们与一群素未谋面的陌生人有约，在这个我不太熟悉的城市和文化环境中见面。时间每过去一秒钟，我准时到达的可能性就降低了一点。我有一位同事是土生土长的马尼拉人，她曾经告诫过我，对于不习惯马尼拉炙热天气的人来说，5月份是最不该来的时间。她是对的。汗珠从我的额头上不断冒出来，顺着脖颈滚下去，我感觉自己精心打扮的得体形象都被破坏了。与我同行的安德鲁·迪克斯（Andrew Dicks）是一位经验丰富的研究员，在南亚住了多年

在前往菲律宾马尼拉马卡蒂市（Makati City）怡东城的出租车里看到的街区景象。

进行学术研究，他虽然更适应这种气候，但还是愁眉苦脸，浑身湿透。我们在后座一言不发，心里期待着当天接下来的工作，尽量在热浪中节省精力。

我对热浪、尾气和车身摇晃的忍耐已经快到极限。就在这时，司机漂亮地转了几个弯，离开高速公路驶入一条弯道，这里精心布置了许多热带花草。司机把车停在路边后，我们下车，踏上了一条绿树成荫的美丽人行道，旁边有一块招牌写着"怡东城"（Eastwood City）。会面地点是那群年轻员工挑选的，马尼拉有数不清的"业务流程外包"中心，人们习惯称之为呼叫中心，他们就在其中一家呼叫中心工作。与一般的呼叫中心员工不同，即将和我们见面的这群员工从事的是另一种独特的工作。

　　他们是商业性内容审核员，不需要接听电话。他们的日常工作是审核一个约会应用的用户简介，这个应用拥有数百万名用户，他们主要来自北美和欧洲。该应用的总部位于地球的另一端，但它的开发者将审核工作外包给了菲律宾的一个业务流程外包（下文简称 BPO）公司。菲律宾的内容审核员负责审核用户上传的信息，根据该应用的内容发布规则删除那些令人不适和非法的内容。这些规则会事先发给外包公司，审核员们需要把违反平台规则的内容找出来。违规的原因有很多，小至在文字区发布能够被其他用户看见的电话号码和电子邮箱（这样会诱使用户退出平台，绕过平台的广告和收费系统），大至发布儿童性虐待的内容和相关图片。审核员要处理所有类型的违规内容。

　　他们在工作中致力于完成指标要求，迅速完成审核、编辑、删除并解决问题。他们只有几秒钟时间来审核一份用户简介并删除里面的不当内容。有些员工仅仅在审核过程中才会接触到其他文化，因此他们只能够根据这份工作带给他们的有限视野来进行判断。其中一位和我们见面的员工索菲娅后来告诉我："似乎所有欧洲人都是色情狂，所有美国人都是疯子。"[1]

　　审核员们在工作中没有时间对他们删除的内容进行思考，只有在紧张的一天结束后，大家聚在一起喝点东西时才会有所反思。

　　我和安德鲁就是在下班后的这个时间点约好了跟这些审核员见面。我们走进一条露天商业街，走到我们的约定地点，这是一个热闹的美食广场，许多西方快餐连锁店比如美国的"星期五餐厅"（TGI Friday's）都在这里开了分店。店外的高脚桌边挤满了马尼拉的都市年轻人，桌子上随处可见都市年轻人的随身物品，比如大屏智能手机、香烟盒、吊在挂绳上的员工证和感应卡，挂绳上还有个性化的小毛绒玩具和徽章。这些第二天才会用到的东西被乱七八糟地扔在一边。我们到达这里的时候，年轻人越来越多，他们已经拉出凳子聊了起来。许多人刚刚在附近的摩天大楼里上完一天的班，那些大楼外面有花旗集团和 IBM 的标志，还有其他不太知名的 BPO 跨国集团的标志，比如 Convergys、Sykes[①] 和 MicroSourcing。服务员在餐桌间忙得团团转，手忙脚乱地记下酒水和小吃订单，将大杯生啤和色彩鲜艳、点缀着伞状装饰物的鸡尾酒端到桌前，而来到这里欢度下班时光的上班族有增无减。

朝阳渐升，阳光温暖地照射在我们身上。北美的工作日刚接近尾声，整个欧洲还笼罩在黑夜之中，而马尼拉正是觥筹交错的下班时光。早上 7 点钟是怡东城的"欢乐时光"[②]。

我们没有去"星期五餐厅"或其他餐厅享受"欢乐时光"，而是来到了一家相对安静的国际连锁咖啡店。我们约见的商业性内容审核员已经在附近的大楼里工作了一整天，而我们的一天才刚刚开始，咖啡是个不错的选择。

我们曾给受访者发送过简单的自我介绍，现在正在座位上等待

---

① Convergys 总部在菲律宾，2017 年营收超过 27 亿美元，拥有约 11.5 万名员工。Sykes 总部在美国，2020 年营收超过 17 亿美元，拥有约 6 万名员工。

② "欢乐时光"（Happy Hour）是指酒吧提供优惠的时段，方便刚下班的在职人士消遣。

他们的到来。咖啡店的生意很繁忙，几乎所有排队的人都戴着全世界上班族的标配——感应卡和员工证，年轻女性占了其中的多数。每次点单时咖啡店员都会用英语打招呼："你好吗？"或者说："你好，我能为你做些什么？"随后双方会用他加禄语（Tagalog）①交流，最后店员会再次用英语悦耳地说："谢谢！"店里放着舒缓的美国爵士乐，在手风琴和萨克斯的背景声中，一群群上班族在热烈地交谈着。作为咖啡店里仅有的几位非本地人外加西方白人，我们相信他们可以毫不费力地找到我们。

接近 7 点钟（他们早上 6 点下班）时，他们各自走了进来，并和我们打招呼。他们互相认识，见面之前也都和我们联系过，给我们牵线搭桥的是一位 BPO 行业的朋友。他是一位坦率的行业领袖，马尼拉地区的很多呼叫中心员工都很尊重他。他将我们想要采访马尼拉职业审核员的请求发送到了他庞大的 BPO 员工网络中，最后这五位员工愿意接受我们的采访。作为愿意分享的条件，我们承诺不透露他们的真实姓名和关键特征，包括公司的位置、名字和其他可辨认的细节。本书所有分享经历的员工，他们的名字和各种细节都做了匿名化处理。

那天早上和我们见面的 BPO 员工有四男一女。最年轻的是 22 岁的索菲娅·德·利昂，比她年长一点的是 23 岁的 R.M. 科尔特斯和 24 岁的约翰·奥坎波，26 岁的克拉克·恩里克斯，年纪最大的德雷克·皮内达，29 岁。五人中只有德雷克不再与父母和大家庭一起居住，他正准备结婚，建立自己的家庭。其余四名员工仍然

---

① 他加禄语是菲律宾官方语言之一，菲律宾语的主要组成部分。

与父母住在一起，需要赚钱养家，起码要肩负一部分养家的义务。我们从家庭话题聊起，询问他们的家人如何看待他们的 BPO 审核工作。

> 我：你们的家人对 BPO 工作有什么看法？
>
> 德雷克·皮内达：还好，没什么意见。
>
> 克拉克·恩里克斯：只要能赚钱就行。
>
> 约翰·奥坎波：只要能养家，就没什么问题。
>
> 我：你们能养家吗？
>
> 约翰·奥坎波：事实上，他们觉得在 BPO 行业工作的工资会比较高。他们这样想是因为这是一份白领工作……呼叫中心类似于白领工作。

他们在同一家公司工作，我把这家美国公司称作 Douglas Staffing 公司，它主要的呼叫中心业务和大部分员工都在菲律宾。菲律宾的 BPO 公司通常与呼叫中心的实时电话工作有关，比如服务电话、客户支持、销售和技术支持（许多 BPO 员工将这种岗位称为"语音专员"）。但这些和我们见面的审核员都只为 Douglas Staffing 的一名特定客户从事商业性内容审核工作，这名客户就是我称之为 Lovelink 的约会应用。

这是索菲娅成为 BPO 公司商业性内容审核员的第二年，她首先介绍了自己接触 Douglas 公司和 Lovelink 应用的过程。

> 我是去年入职的，这是我毕业后的第一份工作，毕业后我

休息了三个月，之后才开始找工作。事实上，我进入了另一家公司的最终面试环节，但 Douglas 公司邀请我去参加它的初次面试。我应聘的是语音专员，但运气不好，没能通过，然后他们让我来应聘这份非语音工作。我完全不了解这份工作，之前也没有听说过。我通过初次面试后，他们给我定了最终面试的时间。最终面试的面试官说："介绍一下你自己吧。"我说我会编辑（图片），比如裁剪，他们就问我知道哪些不同的快捷键。还有一些逻辑题："请你在不同的图片中找出差异。"我很幸运地通过了面试，他们在当天就发了录用函和合同，不到一天就搞定了。然后他们告诉我这是个约会平台。我很兴奋，既然是个约会平台，那我就可以在这里找到约会对象！下一步就是试用期，为期六个月，之后可以转正。我在去年成了正式员工。

24 岁的约翰·奥坎波和索菲娅同时入职，当时 Douglas 公司刚开始履行合同，正在大举扩充 Lovelink 的审核团队。索菲娅认为约翰和她是"开路人"，他们在这个岗位上为 Lovelink 工作了两年。与索菲娅一样，约翰最初申请的也是电话工作，即实时接听客户的电话，大部分客户都来自北美。刚毕业不久的他本来准备进入其他行业，但后来改了主意，选择在 BPO 行业寻找工作。他表示，这个务实的决定是他衡量了薪酬和工作机会之后做出的："实际上我的专业是酒店与餐饮管理，但还是选择在 BPO 行业工作，因为当时菲律宾的 BPO 行业发展得很迅猛，拥有更好的就业机会和更有竞争力的薪酬。所以我决定加入 BPO 行业。我最初申请的也是语音工作，但由于缺乏 BPO 相关的知识，失败了很多次，不过我已经尽力了。"

像索菲娅和科尔特斯一样，约翰也在 Douglas 公司招聘语音专员的面试中败下阵来，商业性内容审核工作可以说是他得到的一份安慰奖。在应聘语音专员的过程中，公司觉得他们的技能不足，也许是觉得他们处理事情不够从容果断，或者美式英语的口语不过关，或者两者兼有。因此公司让他们从事另一项服务——商业性内容审核。在菲律宾的 BPO 圈子里，至少在 Douglas 公司里，非语音的审核工作被认为是低一等的工作。

这五位和我们见面的员工都负责审核 Lovelink 的用户简介。每次 Lovelink 的网站和应用上有用户修改个人用户简介，就会生成一单任务（ticket），他们就要进行审核，决定是否批准内容的修改。上传和编辑照片、修改就业状况、添加任何文字，都需要经过审核。修改后的简介需要得到批准后才能发布，所以员工总是处在快速审核的压力中。另一个需要快速审核的原因是，他们时常能感受到工作指标带来的压力，公司用这些指标来衡量他们的生产力。德雷克·皮内达在同伴的帮助下，介绍了公司的整体指标：

> 德雷克·皮内达：这些指标全部都是关于……我们完成了多少单任务。似乎每一份用户简介都需要我们审核。任务数量很多，每天大约有 1000 单。我们有指标，每小时要完成 150 单。
>
> 索菲娅·德·利昂：以前是 100 单。
>
> 我：噢，他们上调了指标。

德雷克·皮内达：因为有竞争者，后来就成了每小时 150
单，但你往往要完成 200 单……

索菲娅：每小时 150—300 单。

这些效率指标也会计算每单任务的处理时长。约翰·奥坎波
介绍说："他们有一个标准，一开始你需要在 32 秒内完成一次审核。
但因为工作量增多，需求变大，他们只能将每次审核的规定时间
降到 15 秒、10 秒以下。"

也就是说，在索菲娅和她的同事进入 Douglas Staffing 公司为
Lovelink 服务的这段时间里，以完成的任务量来计算，公司对他们
的生产力要求翻了一番。以前他们可以在 30 多秒的时间内，根据
网站的政策和规则，对用户的一次修改或编辑进行审核评估，如
今这个时长减少了一半，这意味着他们需要完成的任务量翻了一
番，但没有得到相应的加薪。

管理层解释说，对员工生产力提出更高要求，是为了保住"合
同"。员工和管理层所说的"合同"是指 Lovelink 外包给 Douglas
Staffing 的商业性内容审核业务。"合同"不仅指 Lovelink 的外包
工作，从更大的层面上说，也指菲律宾的商业性内容审核工作。
对于我们当天采访的马尼拉员工来说，他们随时都面临着一个风
险，那就是外包审核工作可能会转移到菲律宾以外成本更低、生
产力更高的地方。克拉克·恩里克斯向我们介绍了 Lovelink 审核
团队的员工数量，以此来说明这种风险。

我：你们现在有多少名同事？

克拉克·恩里克斯：以前有 105 名（负责 Lovelink 项目的商业性内容审核员），现在只有 24 名。

我：噢，一些员工离职了吗？

克拉克·恩里克斯：岗位被其他公司抢走了。

在团队成员看来，导致他们要完成更多工作量的竞争对手来自印度。不管是否真正如此，关键在于这个团队将印度视为主要的竞争对手。Douglas 公司一直担心这份 Lovelink 的商业性内容审核业务会被出价更低的、可能来自印度的 BPO 公司抢走，因此要求员工更加努力、更加迅速地完成工作，并且拿更少的工资。

约翰·奥坎波：归根结底，我们的竞争对手来自印度。客户会讨价还价，因为这不是语音工作（而是商业性内容审核），所以……他们会选择人力成本更低的印度公司。菲律宾有（最低）工资标准，所以他们会选择最便宜的地方。

我：他们会选择出价最低的公司，对吧？

约翰·奥坎波：印度公司就是出价低的。

菲律宾和作为基础设施的商业性内容审核

我在 2015 年夏天采访马尼拉大都会的商业性内容审核员时，他们担心印度公司会抢走一部分商业性内容审核工作，这种担心是合理的。菲律宾一直在试图超过印度成为全球呼叫中心的首选地，这个目标在前些年得到了实现，菲律宾依靠不到印度十分之一的人口，超过印度成为全球呼叫中心之都。[2]但这个地位正在不断受到其他地区和国家的挑战，它们都希望将全球服务业和知识工作吸引过去。为了使菲律宾成为全球首选的离岸/外包工作中心，菲律宾进行了大量基础设施建设以支持数据和信息在菲律宾群岛进出，特别是在20世纪90年代末以后。

　　类似的措施还包括重大的地理空间和地缘政治重组，尤其是自20世纪90年代以来。菲律宾经济区管理局（Philippine Economic Zone Authority，PEZA）之类的政府机构以及拥有大量资本的私营开发商将如今的马尼拉大都会和菲律宾许多地区改造成了一系列经济特区和IT园区。这些地区拥有配备光纤网络的私营摩天大楼群、富丽堂皇的购物区和跨国公司的全球总部，它们在一个经常停电的大都市里显得格格不入。[3]

　　数字媒体研究领域产生了一个重要的"基础设施"转向，在此基础上，我想进一步阐述菲律宾的数字劳动（特别是商业性内容审核）的环境，将作为全球劳动中心的菲律宾与支撑它的各种基础设施——物质的、技术的、政治的、社会文化的及历史的基础设施联系起来。[4]怡东城是菲律宾首个被批准设立为经济特区的IT园区，由美加房产（Megaworld Corporation）开发并拥有，而波尼法秀环球城（Bonifacio Global City，BGC）曾经是一个军事基地。我会把它们放在对菲律宾殖民历史和后殖民时代现状的讨论中加以考察。[5]

　　"基础设施"包含多个维度，有多种相互联系的功能。正如丽萨·帕克斯和妮科尔·斯塔罗谢尔斯基（Nicole Starosielski）所说的："从不同维度探讨基础设施，要避免仅仅将它们看作集中组织、大规模的技术系统，而要将它们视为多维度的社会技术关系的一部分。"[6]这是一条研究基础设施的新路径，研究对象不仅包括以往研究中经常会涉及的电力系统、水利系统、通信系统、交通系统等，还包括基础设施的其他方面（在这里是政治制度和劳动），这些方面对于系统整体的运转不可或缺，但它们往往会被孤立地分析，很少被放在"基础设施"的语境中加以关注。

帕克斯和斯塔罗谢尔斯基呼吁我们不要以孤立的眼光看待劳动，而要把劳动看作基础设施物质性（materiality）的主要组成部分，"对基础设施的重视使得媒介传播过程中的那些'物质性'被发掘出来，即那些在全球、国家和地区间产生、推动和维持视听信号传输的资源、技术、劳动和关系。基础设施包括硬件和软件、壮观的设施和不起眼的过程、合成物和工作人员、农村环境和城市环境。"[7]梅尔·奥甘（Mél Hogan）和塔玛拉·谢泼德（Tamara Shepherd）等学者的观点也与她们一致，强调科技平台及其建造者背后的物质和环境因素。[8]菲律宾拥有大量熟练掌握北美口语、在文化和语言上受过教育的年轻劳动力，这是菲律宾能够从美国和加拿大承接大量 BPO 工作的主要原因。但大规模的基础设施建设和其他方面的政策措施，以及历史上的军事、经济和文化支配关系，也使得工作岗位从全球北方（Global North）流向全球南方。

菲律宾的商业性内容审核工作环境：城市化、经济特区和 IT 园区

马尼拉大都会包括 17 个独立的城市和市镇，2015 年的总人口接近 1300 万，是全球人口最稠密的地方之一。[9]马尼拉大都会在过去数十年中的人口增长和基础设施建设，与菲律宾发展成西方大部分地区（主要是英语地区）的服务业中心有着直接的关系。它的发展不太均衡，大型公司利用充足的廉价劳动力在这里建立了重要的分支机构和业务，这些劳动力熟悉美国的社会规范、习惯和文化，因为美国在过去一个多世纪里主导了这里的政治、军事和文化。

这种劳动力的存在使得服务业工作从其他地方转移到了菲律宾，这些工作需要依赖员工的语言文化素养和完善的基础设施（比如稳定的电力、数据传输所需的大规模宽带网络等），这些基础设施是由私营企业根据自身的需要进行建设和维护的。政府的优惠政策会为基础设施建设提供支持，为开发商和各种企业提供可观的激励。城市规划学者加文·沙特金（Gavin Shatkin）介绍道：

> （马尼拉大都会的）当代城市开发的一个特点是，私营企业在城市和地区规划中的分量前所未有。政府退出城市建设导致城市环境的恶化，随后一些大型房地产开发商取得新的规划权，并勾绘出一幅宏大的都市圈建设蓝图。它们在各地分散建设了多个综合性城市大型项目，并且在连接这些项目和其他城市地区的公共交通和其他基础设施上发挥了越来越

重要的作用。这种城市开发模式反映了私营企业在利润的驱使下，迫不及待地想要改造"公共城市"拥挤和衰败的空间，让人员和资本更加自由地流动，在城市结构中植入新型的生产场所和消费场所。我将这种模式称为"迂回植入式的城市化"（bypass-implant urbanism）。[10]

世界银行在 2016 年发布的一份关于东亚城市转型的报告中声称："城市化是消除极端贫困和促进共同繁荣的关键。"然而，马尼拉大都会的城市化进程以及它对基础设施和资源的征用是不均衡的、碎片化的，似乎只是加剧了该地区的贫富差距和财富分配不均。[11] 沙特金认为，马尼拉的这种情况"不仅仅是盲目接受'西方'规划模式的结果"，还有着更复杂的原因，特别是"菲律宾经济的全球化带来的激励、限制和机会，它给政府造成了长久的财政危机和政治危机，也给马尼拉大都会创造了新的经济机遇"。[12]

让沙特金感兴趣的这种城市化进程，以及面向少数开发商和国际资本的新经济机会，都与政府的政策制度和执行政策的机构息息相关。在过去 40 年，菲律宾希望通过优惠政策吸引跨国公司进驻，从而使菲律宾的某些产业进一步走向全球，这使得城市开发越来越依赖于私营企业的投资。出口加工区管理局（Export Processing Zone Authority，EPZA）是菲律宾首个有权设立现代经济特区的机构，它在 1969 年首次设立了巴丹（Bataan）出口加工区。这类区域：

采用传统模式运作，本质上是国家"正常关税区"之外的飞地，入驻公司的生产活动几乎完全瞄准出口市场，相关半成品和资本的进入免征关税，没有外汇管制。为了鼓励投资，这些区域致力于完善区域内外的基础设施，入驻公司还可以获得财政激励。和其他国家一样，设立出口加工区的目的是：（1）促进出口；（2）创造就业机会；（3）鼓励投资，特别是外国投资。[13]

第一批出口加工区设立于 20 世纪 60 年代末到 1994 年，如今菲律宾群岛共有 16 个出口加工区。[14]《共和国第 7916 号法令》（Republic Act 7916），即《1995 年经济特区法案》（Special Economic Zone Act of 1995），为新机构——菲律宾经济区管理局铺平了道路，这个机构在 1995 年取代了出口加工区管理局的职能。这个机构负责促进投资，隶属于菲律宾贸易和工业部（Philippine Department of Trade and Industry）。从出口加工区管理局设立的第一代经济特区到经济区管理局设立的第二代经济特区，最大的改变是经济特区的开发者由政府变成了私营企业，"国家承认私营部门不可或缺的作用，鼓励私营企业发展，并为所需的投资提供激励"。[15]

除了 IT 经济特区外，还有旅游、医疗旅游、制造类的经济特区。IT 经济特区是在 1995 年立法通过的。美加房产由华裔亿万富翁吴聪满（Andrew Tan）于 1989 年创立，是怡东城 IT 园区的开发商。1999 年《第 191 号公告》（Proclamation 191）使该园区成为菲律宾首个被经济区管理局设立为经济特区的 IT 园区。[16] 正如美加房产官网所述：

怡东城是一个综合项目，坐落在马尼拉大都会奎松市
（Quezon City）约 18 公顷的土地上，整合了办公、居住、教
育 / 培训和休闲娱乐等功能。为满足日益增长的 IT 行业办公
场所的需求（这类场所需要完善的基础设施，比如高速电信设
施、24 小时不间断的电力供应和计算机安全设施），公司于
1997 年在怡东城建立了菲律宾首个 IT 园区——怡东城 IT 园
区。怡东城 IT 园区的主要入驻方包括 IBM 菲律宾总部以及花
旗银行的信用卡和数据中心部门。在园区的发展过程中，公
司与菲律宾政府合作，使它在 1999 年成为首个被经济区管理
局设立为经济特区的 IT 园区。这一经济特区的地位使它能够
享受特定的税收优惠政策，比如四年到六年的所得税减免以
及对园区内企业的其他税收减免。怡东城的规划采用了综合
城市规划的理念，以怡东城 IT 园区为开发重点，为办公场所
提供高速电信设施和 24 小时不间断的电力供应，以支持 BPO
和其他技术驱动型企业，同时为怡东城 IT 园区提供配套的教
育 / 培训、餐饮、休闲零售设施和居住区。[17]

也就是说，这些经济特区拥有特殊的税收减免政策和更有利
的营商规则，比如进出口货物规则。它们还拥有高度完善的基础
设施，这些基础设施通常是完全私有化的，比马尼拉其他地区的
基础设施要完善得多。它们往往是跨国企业全球总部或地区总部
的所在地，这些企业需要依赖这些基础设施，以及每天进出经济
特区的当地劳动力。

人们还可以在这些经济特区内居住、购物和娱乐，前提是他

们能够负担得起高昂的房价和这种生活方式所需的花费。

　　每天进出 IT 园区和经济特区的员工往往也无法尽情享受这里的生活。与我们见面的这些商业性内容审核员月薪约为 400 美元，并且还要拿出一部分来养家。他们介绍说，他们的薪酬水平比同等条件下的语音专员要低，语音专员负责在呼叫中心接听实时来电，而不是审核用户生成内容。不过，他们在 Douglas 公司为 Lovelink 工作的薪酬比一般商业性内容审核员的薪酬要高。

　　　　约翰·奥坎波：我们是为工资而来的，因为对于非语音岗位来说，Douglas 公司的工资非常高。

　　　　我：非语音岗位的工资通常比不上语音岗位吗？

　　　　约翰·奥坎波：是的，会低一点……

　　　　德雷克·皮内达：根据岗位来定。

　　　　我：不同公司之间会有区别吗？

　　　　索菲娅·德·利昂：会有。

　　　　我：你们能不能描述一下具体的工资差异？

　　　　约翰·奥坎波：（月薪）大约是 2 万比索①……或者更低。

　　　　安德鲁·迪克斯：那语音岗位的月薪呢？

　　　　德雷克·皮内达：（月薪）大概相差 1000 比索。

①　菲律宾比索是菲律宾的法定货币，在 2015 年 5 月，2 万比索约等于 450 美元。

这五位员工之中，德雷克最有资格证实两种岗位的薪酬差异。他成为 Douglas 公司的商业性内容审核员之前，曾经在 BPO 公司的语音岗位上工作过几年。这几年里，他一直在接听美国客户打来的辱骂电话，对方往往会因为接线员的非北美口音而感到恼火，对此他感到疲惫不堪，愿意接受降薪以远离电话工作。

波尼法秀环球城

一些学者指出了新自由主义经济规划对城市基础设施建设的影响，尤其是对菲律宾的影响。[18] 有一些案例表明，为了吸引并服务于全球性的经济活动，特别是满足跨国公司 7 天 24 小时全天候运作的基础设施需求，整个城市和城市空间都会被凭空创造出来。帕克斯和斯塔罗谢尔斯基也阐述了"如何利用一个已建立的节点，创造出新的市场和经济潜力"。[19] 如今马尼拉的波尼法秀环球城就是这样一个例子。

波尼法秀环球城以前是个军营，被称为波尼法秀堡（Fort Bonifacio），曾先后被西班牙和美国殖民者所用，后来被菲律宾军方接管，近些年被改造成"环球城"，几乎看不出原来的痕迹。一个致力于在波尼法秀环球城发展商业的网站诗意地讲述了这一变迁。

波尼法秀环球城位于达义市（Taguig）在 1902 年被美国取得的一块土地上。它以前是个军事基地，名叫麦金利堡

（Fort McKinley），因美国总统威廉·麦金利（William McKinley）而得名。它曾经是菲律宾侦察兵部队和美军陆军驻菲律宾部队的总部。1949 年，即菲律宾脱离美国统治独立三年后，麦金利堡被移交给菲律宾政府。1957 年，它成为菲律宾陆军的永久总部，并以抗击西班牙的菲律宾革命之父安德烈斯·波尼法秀（Andres Bonifacio）之名重新命名为"波尼法秀堡"。20 世纪 90 年代，基地转换发展局（Bases Conversion Development Authority，BCDA）接管了波尼法秀堡约 240 公顷的土地，目的是将前美军基地和马尼拉大都会的军营转化为民用生产用地。2003 年，Ayala 地产公司和 Evergreen 公司与基地转换发展局达成了具有里程碑意义的合作伙伴关系，开发了波尼法秀环球城，将这块曾经代表着战争和侵略的地方改造成了今天这个优美宜人的世界级商业和住宅中心。[20]

如今的波尼法秀环球城是许多跨国公司总部、零售商和娱乐餐饮场所的所在地，高档繁华，总是在大兴土木。一些有商业性内容审核业务的 BPO 公司也在这里办公，包括 MicroSourcing 的总部，就是前面我讲过的那家能够提供"离岸附属中心"服务的 BPO 公司，它可以根据北美客户的需求，为客户提供一支训练有素、容易召集、熟悉美式口语的商业性内容审核专业团队。

在马尼拉大都会，新的大型城市开发项目，比如怡东城和波尼法秀环球城，会将劳动力从周边的贫穷乡村地区吸引过来，而这些劳动力又会创造出新的劳动市场、商品市场和服务市场，导

致对基础设施的需求进一步增加，加剧
发展的不均衡。像怡东城这样自成一体
的新开发项目看上去拥有完善的基础设
施，但却制约了周边地区的发展，繁华
经济特区周边的那些地区往往极其缺乏
基础设施，比如因电网容纳能力不足而
经常停电，住房空间和街道空间匮乏，
等等。

2015 年 5 月波尼法
秀环球城的街头，街角处
有一家 Mini 汽车经销商。
一些 BPO 公司的办公地
点就在附近，包括那些为
全球客户提供商业性内容
审核服务的公司。

当一个地方选择接受远方的国家和
经济体所主导的发展周期和商业周期
时，它受到的不只是这些有形的干扰。
劳工学者乌休拉·休斯阐述了城市和城
市人口受制于全球经济的后果："由于
人们需要对来自全球的需求做出响应，
传统的昼夜生活节奏被打乱了。各个时
区的相互联系会不可避免地发展出一种 24 小时经济，那些被迫在
非常规时段工作的员工需要在非常规时段满足他们作为消费者的
需求，这样又会迫使另一群工作者在非常规时段提供相应的服务，
使得各行各业的开放时间逐渐延长，导致 24 小时昼夜开放成为人
们所期待的常态。"[21]

马尼拉大都会的经济特区和为它们提供支持的周边地区就处
在这样的状态之下。早上 7 点的"欢乐时光"是生活昼夜颠倒的
一个缩影，太阳一落山，BPO 公司的经济引擎就会发动，城市其
他地区以及整个国家也会紧跟而上。

后殖民时代的遗产、BPO 公司和菲律宾

简·帕迪奥斯（Jan Padios）在她 2012 年关于菲律宾 BPO 行业的博士论文中认为，客服呼叫中心从全球北方转移到全球南方，尤其是菲律宾，其基本前提是历史上美国对菲律宾的殖民统治，以及菲律宾正式脱离美国政治控制之后在经济和文化上对美国的长期依赖。她的著作《电话线上的国家：作为菲律宾后殖民时代窘境的呼叫中心》（*A Nation on the Line: Call Centers as Postcolonial Predicaments in the Philippines*）对此做了进一步的重要研究。[22]

帕迪奥斯写道："由于美国的占领和殖民时代的遗产，菲律宾人已经'习惯于'讲美式英语、拥抱美国文化……也就是说，许多菲律宾人都对美国产生了一种'亲近感'，一种充满紧张和排斥的亲近感。这被认为是让菲律宾人能够去呼叫中心工作的文化价值。"[23] 帕迪奥斯进一步阐述了她称为"生产性亲密关系"（productive intimacy）的理论框架："生产性亲密关系是那些被资本利用的亲密关系，当生产性亲密关系成为企业的内生动力时，资本就可以通过这种关系来管理员工，将这种情感关系转化为交换价值和剩余价值。"[24] 跨国 BPO 市场，尤其是那些提供商业性内容审核的公司，试图利用这种人与人之间、文化与文化之间的亲密关系，将数十年来的军事经济统治造成的菲律宾人对美国文化的亲近感变现，当做一种服务来出售。证据就在 MicroSourcing 的广告文案中，但 MicroSourcing 只是以这种方式利用菲律宾劳动力为西方市场服务的无数公司中的

一个。

菲律宾 BPO 公司为北美商业性内容审核市场提供的这种附加价值实际上是很好理解的。如果审核工作的范围超出了员工日常的语言文化环境，工作将会极其困难，会遇到许多新的、独特的挑战，所以审核行业的公司会尝试通过各种手段来提升员工的语言文化技能和认知。约翰·奥坎波承认："（在做职业审核工作）之前，我们完全不懂（美国的）种族歧视用语。"但是，为 Lovelink 工作的 Douglas 员工快速掌握了一系列北美用户可能会写进用户简介里的种族歧视用语，他们还可以使用互联网和庞大的工具库来判断用户简介中的某个用语是否违规。"事实上，"克拉克·恩里克斯说，当他们遇到可能带有种族歧视含义的辱骂和描述时，"我们可以到城市词典①"上查一查。我和安德鲁也坦承："有时候，我们也不得不上这个网站去查。"

对于需要商业性内容审核服务并将其外包出去的西方公司来说，外包还有另外一层好处。就像在纺织业和制造业一样（比如苹果找富士康代工，H&M 找孟加拉国的服装生产商代工），发出外包的公司和实际完成工作的公司之间有着多重外包关系，一旦工作导致某种危害，发出外包的公司就能有理由推卸责任。如果一位商业性内容审核员难以忍受他在每天的工作中看到的内容，他往往没有任何途径直接向 Facebook、谷歌和微软这些最终因他的劳动而收益的大型科技／社交媒体

---

① Urban Dictionary，一个解释英语俚语词汇的在线词典。

公司投诉，因为他和这些公司之间没有任何地理、司法管辖和组织结构上的联系。简言之，将商业性内容审核工作外包给离岸团队，就可以眼不见心不烦。尽管和我们见面的员工都认可 Lovelink 这个产品和开发它的公司，但 Lovelink 的员工不会认为 Douglas Staffing 的审核员是他们中的一员，如果他们还能想起这些审核员的话。实际上，这种脱节和不平衡的关系是人为设定的。

　　社会学家曼努埃尔·卡斯特利斯在两个世纪之交提出了著名的"网络社会"理论，他认为，网络社会的经济由信息驱动，时空被压缩成一个"流动空间"，组织和劳动的结构将变得更加灵活多变，更容易进行重新配置，类似于相互联系的节点，而非工业时代工厂车间里自上而下的结构。[25] 得益于全球网络连接和由数据驱动的计算能力，这样的组织超越了地理边界，克服了传统的工作日安排，成为一种全球性的网络化组织，可以在多个时区不间断地运作。然而，这种与传统等级制度和关系的决裂只是表面上的，它并没有像近 30 年前所预示的那样激进和解放，因为它已经完全融入了其他政治经济意识形态当中。相反，我们看到了工作的加速和工作场所的灵活性，许多学者，比如大卫·哈维，都谴责这种现象在本质上是典型的新自由主义，几乎只对雇主和公司有利。[26] 而"流动"的轨迹看上去很像是那种建立于正式殖民统治时期并延续至今的陈旧轨迹，但它表现出来的机制和流程已经不再是政治和军事上的，而是经济上的。

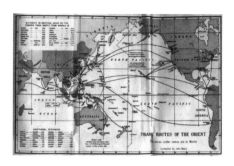

"东方贸易路线"，摘自 1923 年的《美丽的菲律宾：一般信息手册》（*Beautiful Philippines: A Handbook of General Information*，由 Newberry Library 提供）

"怡东城的现代英雄"

与五位 Douglas Staffing 公司的商业性内容审核员道别后，我和安德鲁两人决定继续逛一逛怡东城 IT 园区。我们看到了许多北美和全球其他各地的连锁品牌，比如香啡缤（Coffee Bean & Tea Leaf）和日本的快时尚品牌优衣库（Uniqlo），它们分布在这个经济特区的花园、喷泉和步道之间。我们在露天商场漫步，看到工人在冲洗树叶，修缮广场和步道的地砖。清晨已经过去，这个时间点更适合家庭和老人来这里购物就餐，他们的作息时间和 BPO 员工不同。广场上逐渐挤满了人，有的是一家老小，有的是三三两两的年轻人，经常有人手挽着手，提着购物袋走过广场。

　　我之前没有来过怡东城，但想寻找一个独特的地方。据我所知，那里有一座雕塑，是那种俗气的公司艺术品，平时不会被什么人注意到。据我所知，那个雕塑是献给 BPO 从业者的。我想亲眼看看。

　　我俩沿着我认为最有可能出现那个雕塑的方向走，索菲娅和约翰大步跟了上来，他们在访谈结束后也决定在怡东城逛一逛。他们问我俩要去哪里，我就对他们讲了我要找的那个雕塑，他们立刻就明白了，并且让我俩直接跟着他们走。

　　这个经济特区点缀着许多精美的公司艺术品装置，有的是布满各种图案装饰的喷泉，有的是栩栩如生的青铜狗群雕像。但这座雕塑比较特别，它体积庞大，圆形的底座占据了广场的中央，底座的牌子上写着：

　　谨将此雕塑献给在 BPO 行业找到目标和激情的男女工作者。他们对这项服务的坚持和努力是菲律宾 BPO 发源地怡东城的命脉所在。总统第 191 号公告宣布怡东城为菲律宾首个 IT 类经济特区。怡东城的现代英雄（此句原文为大写）。

　　我站在这座高大的雕塑面前，试图从多个角度拍照，这样才能拍到组成它的三个人像——一个是坐在办公桌前的女性，一个是左手提着公文包、右手拿着一本书的男性，一个是胳膊下夹着账本，看上去静止不动的女性。这座雕塑非常大，要想捕捉每个人像的细节，只能多拍几张照片。在我拍照的时候，一些怡东城的消费者和访客以及在附近更换地砖的工人们注意到了我的举动，他们好像不太理解我对这座雕像的兴趣，似乎在说："你知道这只是一件俗气的公司艺术品，对吧？"或者在说："马尼拉有艺术博物馆，你为什么不去那里观赏呢？"我感到有些尴尬，我对这个大多数人都不会驻足观看的雕塑兴致盎然，这可能让我看上去很傻。

马尼拉怡东城的一座雕塑，用来纪念它称之为"现代英雄"的菲律宾 BPO 工作者。

这座雕塑矗立在广场上，三个人像比真人还大，用金属制成，穿着休闲的商务装。每个人像都没有脸部细节，代表着怡东城的每位男女员工，但重要的是，每个人像都戴着耳机，标志着他们的身份是负责接听来电的语音专员。"现代英雄"也有很重要的内涵。20 世纪和 21 世纪离开菲律宾群岛前往海外工作的菲律宾人〔又被称为菲律宾海外劳工（Overseas Filipino Workers，OFW）〕，通常被菲律宾政府和媒体称为"新英雄"，而"现代英雄"不需要离开祖国也能为海外工作——在呼叫中心。[27] 我觉得这座雕塑需要进行更新，以便反映出如今在怡东城和马尼拉其他类似区域的

BPO 公司里出现的新型工作——商业性内容审核，但一件艺术品要怎样描绘这种工作呢？它需要隐藏面部特征，就像这座雕塑的人像一样，但不需要戴耳机。审核工作是认知性的，只需要思考，艺术家所面临的挑战是刻画出审核员在点击删除或保留之前的心理活动。艺术家还需要找到一种方法用青铜材料表现出人的心理困扰，这可能更加困难。他们会刻画审核员酗酒的情形吗？他们能刻画出审核员自我隔绝于朋友和家人的状态吗？他们要怎样刻画审核工作中看过的画面闪现在员工脑海里的场景？目前，恐怕我们只能用传统上代表 BPO 的电话工作者和语音专员来作为审核员们的替身。

　　我给雕塑拍完照之后，索菲娅和约翰意外地请我帮一个忙，他们各自拿出一部三星手机，站在雕塑面前让我帮他们拍合照。他们对着镜头微笑，我一边指点着，一边按下快门键，咔嚓几声响起。虽然只有一瞬间，但此时此刻，商业性内容审核员与广场上更为人所知的 BPO 员工站在了一起。随后我们分道扬镳，他们的身影消失在购物和过路的人潮中，消失在我们的视野中。

第六章　数字人文

"你知道吗？我曾经和别人聊过我的研究，以及我对这个课题的兴趣，"我告诉马克斯·布林，"他们会说……比如说：'好吧，那你为什么不去做审核工作，然后把你的经历记录下来呢？'"

马克斯回应说："不要亲身经历这种工作。"

2018 年夏，加利福尼亚州洛杉矶

商业性内容审核，即人工审核用户生成的在线社交媒体内容，通常是一份秘密进行、薪酬较低的工作。当我在 2010 年开始研究时，还没有什么人描述过职业审核工作、审核在其产业环境中的位置以及审核员的身份。理解商业性内容审核，让审核员发声，把它放在产业环境中加以考察——放在那些需要和提供这种服务的公司中加以考察，成了我一生的事业，这在很大程度上是因为我明白，理解审核和审核员是理解当下互联网的关键。过去八年，我对这种审核工作进行了跟踪调查，采访了员工，在各种学术和公共平台上讲述审核员和他们的工作。作为商业性社交互联网的

基本组成部分，商业性内容审核已经得到了公众的关注，并越来越多地被世界各地的立法者和监管者注意到。[1] 这其中的一部分原因是，学术研究者和调查者对互联网的社会影响的兴趣，使它成了一个重点研究领域，但他们往往得不到互联网行业和学术界的支持，有时候还会招来它们的敌意。所幸的是，这种情况正在改变。

那些报道 Facebook、谷歌等公司，报道硅谷新闻，以及长期跟踪社交媒体的记者，是揭开商业性内容审核面纱的关键人物。有些记者发表了重要的曝光文章，产生了深远的影响。2014 年，我与记者阿德里安·陈进行了长时间的对话，他在 Gawker 担任记者时曾撰写一些早期的商业性内容审核报道，后来又为《连线》（*Wired*）杂志撰写大型专题报道。他的文章启发了很多人思考社交媒体公司的内容审核行为，以及分散在全球（比如菲律宾等地）的大批商业性内容审核员；为了撰写报道，他还专程到菲律宾进行调研。陈的文章至今仍有不小的影响力，是在大众媒体上介绍商业性内容审核及其影响的早期重要报道。[2]

其他记者紧随其后，撰写了许多有影响力的作品。2017 年，奥利维娅·索伦和杰米·格里尔森（Jamie Grierson）在《卫报》（*The Guardian*）上撰写了名为"Facebook 档案"（Facebook Files）的专题报道，朱莉娅·安格温在 ProPublica 网站上撰写了关于内容审核的报道。2016 年，凯瑟琳·布尼（Catherine Buni）和苏拉娅·切马利（Soraya Chemaly）在 The Verge 网站上撰写了《互联网的秘密规则》（*Secret Rules of the Internet*），德国的蒂尔·克劳泽（Till Krause）和汉内斯·格拉塞格（Hannes Grassegger）在《南德意志报》（*Süddeutsche Zeitung*）上撰写了关于内容审核的报道。这些都是很重要的例子。[3] 来自记者的压力迫使社交媒体公司做出回应，它们无法再否认商业性内容审核员的存在，不得不承认这些员工是社交媒体生产链条中必不可少的一环。事实上，在网络社交空间爆发一系列丑闻之后（罪犯通过 Facebook 的视频功能直播杀人过程、YouTube 存在针对儿童的不良内容、人们开始担忧所有平台上的假新闻以及它们对全球各地选举的影响），审核员往往被他们的雇主视为解决这些问题的途径。

正因为有这种压力，我们才得知，比如说，谷歌计划将其商业性内容审核员数量扩充至 20 000 名，让他们处理各种产品和问题，Facebook 也承认它计划招聘 10 000 名审核员。[4] 它们的态度与之前相比有了很大的不同，之前在被问到平台上的商业性内容审核行为时，它们总是三缄其口，或者由公司发言人进行轻描淡写的回应（比如微软发言人在 2013 年对全国公共广播电台的丽贝卡·赫舍打趣说，审核工作是一种"脏活"）。如今，职业审核员似乎站在了品牌保护和用户保护的最前线，但关于审核工作性质和招聘过程的信息仍然少得可怜。我的感觉是，大部分审核员都会在全球范围内招聘，而公司内部和呼叫中心通常会委托第三方外包公司来招聘审核员。毕竟审核员需要有能够服务全球用户的文化语言素养，薪酬还不能太高，如果不利用全球的劳动力资源，要想快速筹备这样一支庞大的劳动力队伍是很难的，甚至是不可能的。

在过去几年里，公众对于商业性社交媒体平台对他们生活各方面的影响产生了越来越大的不信任和质疑。除了我前面讲到的那些丑闻之外，唐纳德·特朗普（Donald Trump）在 2016 年美国总统大选的意外胜利，以及同一年的英国脱欧运动也是一部分原因。随着学者和分析师继续剖析这些政治转折受在线虚假信息运动影响的机制（比如 2018 年的"剑桥分析公司丑闻"[①]），越来越多的公众和立法者开始探讨一些关于社交媒体生态系统形成过程的复杂问题。我认为在所有这些讨论中，都要把互联网的"有偿把关人"——商业性内容审核员考虑在内。

为了这个目的，我接受了许多媒体的采访请求，参加电台和电视节目，广泛宣传商业性内容审核员和他们的工作。我早年并不是一个人在象牙塔里研究，而是找到了许多致力于解释并呼吁人们关注审核活动的群体，他们的目标有时候和我不一致，但总是有重合的地方。这些人包括民间活动人士、关心互联网自由的人、致力于推动言论自由和人权的人、关心劳工福祉的人，还有对互联网管辖权、管理、隐私和流程问题感兴趣的法律学者，研究工作的本质及未来的学者，致力于推动互联网健康发展的研究者……这份名单还有很长。我很感谢这些同道，我将他们看做是我这项研究的践行者，以及新兴的内容审核研究领域的成员。

这种合作的迹象可以在许多地方找到，比如 2017 年 12 月我在 UCLA 召集举办的会议，这是首次以内容审核为主题的会议，并且面向公众开放。与会者大约有 100 人，包括学者、活动人士、学生、记者、商业性内容审核员等，他们都与内容审核有各种各样的联系。这个会议名为"审核面面观"（All Things in

---

① 英国政治咨询公司"剑桥分析"（Cambridge Analytica）在未经 Facebook 用户同意的情况下收集了约 5000 万人的用户数据用于政治宣传。最终 Facebook 支付了 50 亿美元的巨额和解金。

Moderation），与会者和发言者中包括联合国负责促进和保护意见及表达自由权的特别报告员大卫·凯依（David Kaye）、代表一位因从事十年审核工作而身患残疾的审核员起诉其雇主的律师丽贝卡·罗（Rebecca Roe）、一群长期跟踪报道商业性内容审核的记者，还有两位审核员罗兹·鲍登（Roz Bowden）和罗谢尔·拉普兰特（Rochelle LaPlante），一位已经离职，一位仍然在职。[5]

从那时起，一些关于内容审核政策和实践的会议和活动相继举办，包括 2018 年 2 月在圣塔克拉拉大学举办的"规模化内容审核"（Content Moderation at Scale）会议，2018 年 5 月在华盛顿哥伦比亚特区举办的会议，2018 年下半年在纽约举办的会议。[6]全球各地的许多学术会议和科技会议都讨论了商业性内容审核，这些活动逐渐产生了切实的政策结果。我期待着更多类似的活动。事实上，一位要求匿名的业内人士在 2017 年夏天告诉我，他的公司认为商业性内容审核是一个"价值 10 亿美元的问题"。然后我就明白，这将是一段长期且重要的对话，而我们只是处在这段对话的初始阶段。

今天，社交媒体公司的影响力前所未有，在线生活能够并且经常对线下的现实世界产生生死攸关的影响。举一个令人沮丧且难过的例子，缅甸少数群体罗兴亚人（Rohingya）在网络仇恨运动的煽动下正在遭受持续的歧视和暴力，这些煽动主要是在 Facebook 上进行的。这些在线种族仇恨言论最终导致了暴徒们的残忍杀戮，迫使许多罗兴亚人逃往孟加拉国等邻国。而这些言论有可能是缅甸政府为了巩固政治权力而操纵媒体蓄意策划的。Facebook 这个全世界最大的社交媒体公司，它的商业性内容审核活动能够有效抵挡这种致命的操纵、利用和宣传吗？还是说，由于它身处这个不惜一切代价吸引用户生成内容的社交媒体行业当中，最终会助长这类行为？尽管这只是其中一个例子，但它显示出：利用这种具有前所未有的影响范围和影响力的渠道来获取权力，对于执政者来说是个难以抵挡的诱惑，其他各方也希望利用平台的能力进行某些未知的宣传，或者达到其他可能更加邪恶的目的。[7]

亚历克西斯·马德里加尔（Alexis Madrigal）在《大西洋月刊》（The Atlantic）报道称，Facebook 全球政策管理团队负责人莫妮卡·比克特（Monika Bickert）在 2018 年 2 月圣克拉拉大学的会议上罕见地坦承了 Facebook 面临的挑战。马德里加尔指出："尽管该公司有能力克服竞争和平台转型等问题，但内容审核仍然是一块烫手的山芋。这类问题并不像技术方面的挑战那样可以通过投入大量工程师来解决。"的确，尽管 Facebook 有庞大的资金和技术资源，但比克特承认，Facebook 内容审核团队所面临的许多难题都无法在短时间内轻松解决。至于人工智能，马德里加尔记下了比克特的明确答复："这是一个经常有人问到的问题：人工智能什么时候才能拯救我们所有人？我们还有很长的路要走。"[8]

这意味着在短期甚至中期，需要对用户上传的社交媒体内容进行把关的公司仍然会继续求助于人工审核员。这意味着，全球以兼职或全职的方式从事这项有偿职业审核工作的员工将有增无减。就像谷歌和 Facebook 一样，所有工作模式下的商业性内容审核员都会增加，无论是在云端上的小型专业公司工作，还是在 MTurk 上面从事数字计件工作。研究者、工程师和社交媒体公司肯定会继续开发人工智能工具来减轻海量内容的审核负担。例如在社交媒体行业得到广泛应用的 PhotoDNA，它可以用算法找出并删除社交媒体网站上的儿童性剥削内容，或许这也预示着类似的自动化工具可以应用在其他内容上。[9]但这些内容必须已经包含在有害内容数据库中，这样自动化工具才能成功删除它们。

此外，识别儿童性剥削内容的过程虽然很重要，但也比较简单，而其他类型的自动化审核和删除会是个棘手的问题。以eGlyph 项目为例，它运用了和 PhotoDNA 同样的散列算法（hashing algorithms）技术，但它针对的是"恐怖主义"内容。[10]谁会编写这些程序来找出恐怖主义内容？恐怖主义内容由谁来定义？用户怎样才能知道这些工具何时被部署以及部署的方式？可以肯定的是，与人工审核员相比，算法不太可能对有意义或常规的监督做出反应，更不可能向媒体泄密或接受学术研究者的采访。事实上，公司和政策制定者在试图用人工智能计算机工具取代人工审核员时，可能一直都抱有这种期望。可以肯定的是，如果人工审核员不愿意和我交流，这本书是不可能完成的，几乎在我们每次交流的时候，他们都违反了保密协议和劳动合同。

归根结底，虽然人工智能自动化取得了巨大的进展，但它依然无法满足当下的需求，还处于纸上谈兵的阶段。达特茅斯（Dartmouth）学院的计算机科学家、PhotoDNA 创始人哈尼·法里德（Hany Farid）在他关于工具使用的论文中指出，限制社交媒体平台和其他平台接收用户生成内容的数量似乎是个显而易见的解决方案，但似乎没有人认真考虑过这个选项。[11]内容对于平台来说是价值千金的商品，它能够吸引用户访问，让用户不断回到平台上浏览新内容，观看新的图片和视频，阅读新的帖子，并且看到新的广告。

所以商业性内容审核还是会由全世界的大批人工审核员完成。他们会被要求做出越来越复杂的决策，苛刻的生产力指标会驱使他们提高速度、准确性和抗压能力，即使他们面对的是人性最丑恶的一面。马克斯·布林一针见血地指出，他和成千上万人从事的这项工作"会造成永久性的伤害"。有些员工下班后无法卸下工作的重担，仍然想要保护用户免受伤害，或者他们在工作中看到的一些负面内容仍会在工作之余扰乱他们的思绪，在这样的情况下，这份工作对他们的伤害只会更大。

截至本书完成之时，有关商业性内容审核对从业者的影响，目前还没有公开的短期研究和追踪研究。一些依赖审核服务的公司可能对员工进行过内部心理评估，或者以其他方式跟踪过员工的身心健康，但即使它们做过这些研究，也一定会加以保密。没有这些信息，心理健康专家和其他专业人士很难为全行业的商业性内容审核员制订有效的健康方案和治疗方案。不过，科技和社交媒体行业的一些公司已经联合起来，成立了一个名为"技术联盟"（Technology Coalition）的组织，开始关注这些问题。[12] 截至 2017年底，该联盟的成员包括 Adobe、苹果、Dropbox、Facebook、GoDaddy、谷歌、Kik、领英、微软、Oath、PayPal、Snap、Twitter 和雅虎。2018 年初，我在 Techdirt 网站上写道：

> 一些主要行业领导者自筹资金联合成立了"技术联盟"，它的主要项目是打击网络上的儿童性剥削内容。除了这项主要工作之外，它们还编写了《员工抗压指南》（*Employee*

Resilience Guidebook），旨在帮助审核儿童性剥削内容的员工，现在已经出到了第二版。指南中不仅讲到了遇到这类内容后的强制报告和法律义务（主要针对美国境内），还讲到了应该如何帮助这些很可能会因为他们所看到的内容而产生心理问题的员工。里面有一条重要的建议：从招聘流程开始培养员工的抗压能力。这份文件也大量参考了美国国家失踪与受虐儿童中心的信息，该中心在这方面的专业知识是在长期与执法人员的合作和帮助自身员工的过程中积累起来的。[13]

《员工抗压指南》是构建全行业最佳做法的第一步，但它目前只关注儿童性剥削的内容，似乎无意考虑普通商业性内容审核员更广泛的需求，以及他们可能面对的其他种类的内容。[14]

执法人员可以依靠他们的职业身份和社会资本，从同事、家人和社区那里获得必要的支持，但审核员往往缺乏这层社会结构，而且由于保密协议、职业隔阂和工作带来的羞耻感，他们往往无法讨论这份工作的性质。商业性内容审核工作在地理上比较分散，行业分成多个层次，这使得员工很难在他们所处的团队之外找到其他同行群体。如今的技术联盟里没有外包公司和次级外包公司的代表，但大量的商业性内容审核都是由这些公司招聘的。

2018 年，YouTube 首席执行官苏珊·沃西基（Susan Wojcicki）在"西南偏南"艺术节上宣布，YouTube 的内容审核员以后每天只需观看四个小时的令人不适的、潜在有害的内容。[15] 这是减少职业审核工作伤害的又一个行业举措。但如果 YouTube 接收的内容数量没有同步减少——目前它每分钟接收的内容时长约为 400 个小时——它如何能在不扩充一倍审核员的前提下处理这些海量内容呢？我们也不清楚四个小时的时长到底是他们拍脑袋想出来的，还是公司知道一般员工只能承受四个小时的审核工作，超出这个阈值就会导致倦怠和其他伤害。我们也不知道公司会对那些工作时长远超四个小时的员工做些什么。

如果放任不管的话，社交媒体行业似乎不太可能为了商业性内容审核员的利益而进行自我监管，虽然非常依赖审核员们的工作，但社交媒体行业直到最近才承认了他们的存在。社交媒体公司通过各种疏远策略，在地理和组织上与这些员工保持距离，这样万一有员工声称自己在审核内容时受到了伤害，公司在很大程度上是可以免责的。社交媒体平台是否应该对平台传播并让员工审核的内容负责？要思考这个问题，我们需要把美国法律关于用户生成内容责任归属的规定考虑在内。在美国，根据1996年的《通信规范法案》（Communications Decency Act）第230条（以下简称"第230条"）的规定，社交媒体公司基本上无需对其网络、平台和网站上传播的内容负责。[16] 这并不意味着社交媒体平台在控制其网站、应用和平台的内容方面没有既得利益，相反，它们希望对内容进行控制，这是商业性内容审核存在的原因。但对于近些年才开始对内容进行审核的公司来说，这条规定不算是法律上的标准。从许多方面来看，第230条赋予的豁免权使互联网行业得以发展壮大，发展成今日这支强大的经济社会力量。持这种观点的人认为，第230条赋予社交媒体公司的自由裁量权，使得公司可以按照自己的标准保留或删除内容，这意味着平台可以为自己接收和传播的用户生成内容制定处理规则。但在第230条颁布的时候，由于带宽能力和计算能力较低等，绝大部分人根本无法想象每分钟会有 400 个小时的视频内容上传到互联网，更何况这只是其中一个商业网站的情况。

随着时间和重要性的变化，第 230 条似乎不再像以前那样坚不可摧了。随着社交媒体公司走向全球，它们现在发现，自己不仅要对美国的政府和法律制度负责，还要对全球各地的政府和法律制度负责，许多国家都要求它们承认当地的司法管辖权和主权，遵守当地的法律。因此，第 230 条的地位，以及社交媒体公司对于它们接收、变现和传播的内容的法律豁免权等问题，所受到的最大挑战并非来自美国，而是来自欧盟以及欧盟的一些成员国。德国最近推出的《网络透明法案》（德语缩写为 NetzDG）就是一部极其严格的法律。它要求所有用户数达 200 万以上、在德国运营的社交媒体平台遵守德国关于仇恨言论和内容的法律，并且在接到投诉的 24 小时内删除不当内容，否则将面临高达 5000 万欧元的巨额罚款。在德国，这一限制措施主要针对的是歌颂纳粹的言论、图像和其他材料，但它也针对由德国法律规定的更广泛意义上的"仇恨言论"。无论你喜不喜欢德国的要求，有一点是明确的：为了应对这些要求，社交媒体公司雇佣了更多的商业性内容审核员来承担这些工作，比如柏林呼叫中心 Arvato 的合同工。[17]

除了内容的责任归属问题，还有其他类型的法律责任问题，比如员工伤害。在一个具有里程碑意义的案件中，两位来自华盛顿的微软员工于 2016 年 12 月向该州法院提起诉讼，声称他们由于为公司审核和删除内容——大部分是儿童性剥削内容——而患上了永久性的残疾和创伤后应激障碍（PTSD）。[18] 与本书介绍的许多情形不同，这个案件的特殊之处在于，两位原告亨利·索托（Henry Soto）和格雷格·布劳尔特（Greg Blauert）是微软的全职直属员工，而非合同工。这肯定与微软在近 20 年前输掉的一场著名诉讼有关，那场诉讼由所谓的合同工提起，他们成功辩称自己实际上是被剥夺了福利的全职永久性员工。[19]

现在很多劳资纠纷都是通过庭外仲裁程序解决的，而仲裁程序往往会包含保密条款，所以我们不知道是否还有其他职业审核员发声表示自己受到了类似的伤害，并达成了有利的和解协议。因此，这个案件会是个值得关注的重要案件，因为在美国的法律体系中，先例是诉讼成功的关键。截至本书写作时，这个案件仍然在华盛顿州民事法庭系统中审理。作为一个感兴趣的观察者，我很惊讶微软居然没有选择在私底下迅速赔偿这些员工，毕竟这样就可以结束诉讼程序，让公众不再跟踪事态的进展。事实上，这个案件引起了其他前商业性内容审核员的效仿，他们正通过法律手段处理在工作中遭到的伤害。最近的例子是在 2018 年 9 月，已经离职的内部合同工塞莱娜·斯科拉（Selena Scola）在加利福尼亚州对 Facebook 提起诉讼。与微软案不同，这起诉讼是集体诉讼。[20]

商业性内容审核员目前还无法联合起来要求改善工作条件。员工们分散在全球各地，所处环境的法律、文化和社会经济规范各不相同，这些因素都加剧了困难。在美国，2018 年并不是各行各业有组织劳工春风得意的时候，反工会的唐纳德·特朗普登上总统宝座，国会也被反工会的共和党人把持（也包括不少反工会的民主党人）。我们不能期望 Facebook、Caleris、Upwork/oDesk 和其他涉及商业性内容审核的公司会心甘情愿地帮助审核员组织工会，抵制有害的工作条件和不公平的劳动安排，毕竟这样的安排本身就是公司进行外包和委托第三方公司招聘员工的最初目的，还能减少公司受到的监管和监督。

不管怎样，美国和全球各地丰富的劳工运动史无疑能为劳工组织提供参考，无论是传统工会组织，还是根据行业（例如BPO）、地理和工作类型区分的组织。在菲律宾，BPO行业员工网络（BPO Industry Employees Network，简称BIEN Pilipinas）就是这样一个组织，它旨在联合BPO行业的员工组建一个强大的劳工团体，为包括商业性内容审核员在内的员工争取更好的条件和更高的报酬。在美国，科技工作者联盟（Tech Workers Coalition）这样的新兴劳工组织正致力于在科技公司的集聚地西雅图和旧金山组织劳工，大批职业内容审核员都在那里的社交媒体和科技行业中工作。[21] 商业性内容审核员组织都将面临一个持续的挑战，那就是要找出不同工作模式下的员工，找出他们是谁，以及在全球的哪个地方。另外，雇佣商业性内容审核员的公司在接到劳工组织的要求后，很可能不会着手改善工作条件，而是会将工作转移到世界其他地方，以避开员工组织和关于员工福利的种种要求。

其他类型的社会活动和民间干预也有助于改善职业审核员的工作条件。民间活动人士和学者推动了社交媒体在删除用户内容方面提升透明度，比如电子前哨基金会的吉莉恩·约克（Jillian York）和学者兼活动人士萨拉·迈尔斯·韦斯特创建和主持的onlinecensorship.org，这个项目旨在让用户获得一些工具，来记录他们发表的在线内容被删除的情况。迈尔斯·韦斯特发表了一篇关于该项目结果的重要研究，她指出，在缺乏解释的情况下，用户会提出各种民间理论来猜测内容被删除的原因。[22] 当社交媒体公司将商业性内容审核员和审核活动隐藏在幕后时，这样的结果会是它们所希望吗？

民间活动人士、学者和政策专家已经联合起来向社交媒体行业施压，要求它们在删除用户内容方面上表现得更加透明，其中最引人注目的是 2018 年初在圣克拉拉的内容审核会议上起草的《圣克拉拉原则》（*Santa Clara Principles*）。他们还公开要求社交媒体行业披露审核员的工作条件、薪酬福利标准和公司为他们所提供的支持。[23] 员工、活动人士和学者已经共同要求向亚马逊和谷歌等公司问责，对于它们那些助长战争和极权的科技发展必须要予以清算。受到这些呼吁的启发，我们下一步的工作明显应该是推出类似的行动，为全世界的商业性内容审核员提供支持、伸张正义。[24] 我期待着和有关各方共同努力推动这项工作，将审核员和他们的需求摆在首位。我想起了罗谢尔·拉普兰特的话，她是 MTurk 的一位职业内容审核员，在 2017 年的"审核面面观"会议上做了发言。一位听众问她，做些什么可以改善她这样的审核员的生活质量，她简明扼要地说："给我们付钱。"拉普兰特当然是在呼吁提高审核工作的薪酬，但她的话里显然具有更深的含义："重视我们，重视我们为你们做的工作，重视我们的人性。"而只有提高审核员群体的可见度才能做到这一点。如果我们等着科技和社交媒体行业来做这件事，怕是永远不会如愿。大型主流平台和它们的公司正面临着许多问题和批评，商业性内容审核员的公平待遇很可能排在优先事项清单的尾部。

事实上，那些产品、平台和协议的创造者也许并不是最有能力解决它给员工和用户（还有公众）带来的那些问题的人。我们决不能把我们的集体想象力局限在这一个行业中。事实上，公众在网络上满足信息需求时忽视了另外一种重要的机构，我指的当然是图书馆。在担任大学讲师时，我有幸在美国和加拿大的四所大学里教过一群准备成为图书馆员和其他信息专业人员的学生，并向他们学习。他们聪明、学历高，热衷于参加公共服务，志在帮助人们解决信息需求。由公司运营的平台正逐步蚕食互联网的空间，它们的信息共享模式基本上是由盈利动机驱动的，其他价值的重要性则被排在后面，而图书馆在很大程度上仍然对公众更加透明、更加开放、更加负责。媒介学者香农·马特恩（Shannon Mattern）认为，数字信息时代的图书馆员和图书馆在服务公众方面有着未经开发的潜力。马特恩说："无论线上还是线下，我们都需要创造和捍卫那些重要的信息交流空间，我们需要强化地方政府和地方机构的职能，正是它们塑造了公众对这些空间的使用习惯。美国民主的未来就取决于此……我们不能将捍卫信息空间的希望寄托在科技公司的身上。"[25] 马特恩倡议人们重新关注图书馆和专业图书馆员，他们可以帮助我们驾驭线上和线下充满挑战性的信息环境。

同时，商业性内容审核这个题材是个很有力的切入点，人们可以由此对当代互联网的性质提出更大的质疑。2018年1月，由莫里茨·里泽维茨（Moritz Riesewieck）和汉斯·布洛克（Hans Block）执导的纪录片《网络审查员》（*The Cleaners*）在犹他州帕克城的圣丹斯（Sundance）电影节上首映。我是这部电影的顾问，并和两位导演共同参加了座谈。这部电影涵盖了我的研究和这本书的很多方面，包括菲律宾商业性内容审核员的日常工作，在此基础上，它还讨论了这些审核员的无数决策所产生的社会成本和政治影响。

尽管我非常了解这个领域，但这部电影还是深深打动了我，甚至有几个片段让我落了泪。这部电影再一次提醒我，继续讲述商业性内容审核及其从业者的复杂故事，有多么的重要。它也提醒我，我们所做的努力会不断产生影响，我看到全球各地的观众都被这部电影里审核员的经历所触动。它还提醒我要对多年来和我分享经历的审核员负起责任，他们使我能够将商业性内容审核的轮廓从阴影中拼凑起来，通过其他信源的辅助，从他们的一手叙述中进行逆向分析研究，揭示出这项工作的实际情况。如果他们不愿意和我分享，我就无法了解这项工作。有了这本书、其他学者的研究、许多记者的调查报道以及像《网络审查员》这样的艺术作品，事实上，我们已经不再能声称商业性内容审核是一种"看不见"的工作了。但它的地位和员工劳动条件必须要有所改变。

我对社交媒体幕后的商业性内容审核的理解，影响了我自己在工作和休闲之余对社交媒体和各种数字平台的参与。商业性内容审核工作对于雇主和所有平台的用户都不可或缺，我希望可以通过发掘这些不为人知的中间工作者，来引出这样一个问题：数字媒体的幕后还有哪些人存在？我确信我们对数字媒体当中广泛存在的人为痕迹所知甚少，如果真的想衡量我们在数字平台中逃避现实（escapism）所造成的影响，就必须了解得更多。数字平台的特点是有趣、迷人、容易访问、永远在线，但我们却不曾对它们的真实代价进行诚实的评估。

　　一般来说，给读者留下一连串问题是不妥当的，但对我这样的研究者来说，这样做有一个重要的作用，就是摆出这些问题，让它们指引我未来的研究方向，将它们作为我跟踪商业性内容审核及其全球从业者、进出他们所在的数字空间和物理空间的线索。但别忘了这个事实：我们都身在其中，那些登录 Facebook、上传内容、在新闻下面评论、给帖子点赞和点踩的人，就是我们。作为人类，我们渴望获得参与感和融入感，这种渴望创造了由商业性内容审核员来填补的商机，他们满足了我们的需求。我常常会想起乔希·桑托斯，他敏锐地发现了 MegaTech 上自杀倾向的问题，而这种倾向毫无疑问会自我延续下去，看不到解决的办法。如果公司搭建了那些平台——那些准备好被填满、被重新命名、在全球网络上传播的空容器，我们就会蜂拥而至。我们会把我们的用户生成内容、偏好、行为、人口特征和欲望填充在里面。我们与商业性内容审核的联系甚至比与平台更加直接，毕竟触发 MegaTech 商业性内容审核流程的就是举报视频的用户。就像第二章说过的，Facebook 的用户举报会触发帖子和图片的审核流程。审核的对象也是用户生成的内容。除非我们离开平台或者与平台重新商讨双方的关系，否则作为用户的我们也许才是社交媒体生产周期中最关键的部分，因为我们是内容的生产者，也是永不餍足的消费者。商业性内容审核员使平台变得舒适有趣，他们是我们看不见的合作伙伴，和我们有着共生的关系，类似于阴和阳。他们对内容进行平衡和展示，努力让我们在网络活动中感到轻松愉悦，让我们流连忘返。我们可以点赞、举报、分享视频，但是，我们的参与是一种自由意志的假象，我们正处于一系列不断缩小、不断分隔的封闭空间中，这些空间受到社群规则和服务条款的约束，其中的人工干预被保密协议所隐藏，人为痕迹一旦显露出来，就会被当做系统中的异常错误而被清除。这本书跟人类活动相比虽然微不足道，但我希望它能够将这些人为痕迹发掘出来，就像书籍扫描页面中误入的手指一样。

　　商业性内容审核员的工作条件有可能得到改善吗？在计算能力和计算机视觉产生飞跃式发展之前，在可预见的未来，审核工作仍然需要人类介入。即使到了那个时候，人力劳动可能仍然是首选，它会沿着全球化的轨迹，转移到拥有大量廉价劳动力资源的地方。商业性内容审核员对每条用户生成内容都要做出一系列决策，其复杂程度是任何算法和过滤器都难以完成的。文化上的细微差别和语言上的特殊性更是加大了这种难度。人类大脑是无与伦比的超级计算机，储存着海量的文化知识和生活经验数据，而我们的思维相当于复杂的意义识别软件，因此人类员工在成本和能力上仍然优于任何机器。承载用户生成内容的社交媒体平台没有显示出任何即将消失的迹象，反而随着移动设备的普及和全球联网人数的增加而继续发展。人性也不太可能发生什么改变。所以，乔希、马克斯、梅琳达、索菲娅、德雷克、里克等人从事的这项工作不会消失，商业性内容审核的需求也将继续存在。这种工作的地位很低，经常会被种种方式所掩盖，它还会使员工接触到人性阴暗龌龊的一面，几乎肯定会导致精神上的损害，但还是会有人愿意从事这种工作。我要感谢所有从事这份工作的商业性内容审核员，因为我很庆幸做这些工作的不是自己。我希望他们可以离开阴影处，从屏幕后面走出来，走到有光亮的地方来。

注释

序言　互联网的背后

1. 在今天，网络上仍然存在其他形式的审核，例如社群成员在自己的社群内进行自治和自我监督。依靠社群成员对其他成员进行自愿管理的重要网站包括 Reddit 论坛和它的子论坛（被称为 subreddits），以及由编辑自发进行维护管理的维基百科。见 James Grimmelmann, "The Virtues of Moderation," *Yale Journal of Law and Technology* 17 (2015): 42–109; and Adrienne L. Massanari, *Participatory Culture, Community, and Play: Learning from Reddit*, new ed. (New York: Peter Lang Inc., International Academic, 2015)。

2. Mike McDowell, "How a Simple 'Hello' Became the First Message Sent via the Internet," *PBS NewsHour*, February 9, 2015, https://www.pbs.org/newshour/science/internet-got-started-simple-hello.

3. Peter Kollock and Marc Smith, *Communities in Cyberspace* (London: Routledge, 1999); Lori Kendall, *Hanging Out in the Virtual*

Pub: Masculinities and Relationships Online (Berkeley: University of California Press, 2002); Kevin Edward Driscoll, "Hobbyist Inter-Networking and the Popular Internet Imaginary: Forgotten Histories of Networked Personal Computing, 1978–1998" (Ph.D. dissertation, University of Southern California, 2014).

4. 当时许多国家都在试验在它们本国范围内运行的数字信息系统，比如法国的 Minitel 可视图文系统。见 William L. Cats-Baril and Tawfik Jelassi, "The French Videotex System Minitel: A Successful Implementation of a National Information Technology Infrastructure," *MIS Quarterly* 18, no. 1 (1994): 1–20, https://doi.org/Article; Hugh Dauncy, "A Cultural Battle: French Minitel, the Internet, and the Superhighway," *Convergence: The International Journal of Research into New Media Technologies* 3, no. 3 (1997): 72–89; Julien Mailland and Kevin Driscoll, *Minitel: Welcome to the Internet* (Cambridge: MIT Press, 2017)。

5. Sarah T. Roberts, "Content Moderation," in *Encyclopedia of Big Data*, ed. Laurie A. Schintler and Connie L. McNeely (Springer International, 2017), 1–4, https://doi.org/10.1007/978-3-319-32001-4_44-1. 这个百科词条援引了 Alexander R. Galloway, *Protocol: How Control Exists After Decentralization* (Cambridge: MIT Press, 2006), and Fred Turner, "Where the Counterculture Met the New Economy: The WELL and the Origins of Virtual Community," *Technology and Culture* 46, no. 3 (2005): 485–512。

6. 例如，西北大学（Northwestern University）的教授珍妮弗·S. 莱特（Jennifer S. Light）在 1995 年就读研究生期间写了一篇关于该主题的论文，探讨了女性主义思想和网络空间的新机遇。"The Digital Landscape: New Space for Women?" *Gender, Place & Culture* 2(2): 133–146. 此外，还有 Lynn Cherny and Elizabeth Reba Weise, eds., *Wired Women: Gender and New Realities in Cyberspace* (Seattle: Seal Press, 1996) 也抱有同样的希望。

7. Lisa Nakamura, "Race in/for Cyberspace: Identity Tourism and Racial Passing on the Internet," *Works and Days* 13 (1995): 181–193; Jerry Kang, "Cyber-Race," *Harvard Law Review* 113, no. 5 (2000): 1130–1208, https://doi. org/10.2307/1342340; Jessie Daniels, *Cyber Racism: White Supremacy Online and the New Attack on Civil Rights* (Lanham, Md.: Rowman & Littlefi eld, 2009).

8. Julian Dibbell, *My Tiny Life: Crime and Passion in a Virtual World* (New York: Holt, 1998).

9. Janet Abbate, *Inventing the Internet* (Cambridge: MIT Press, 1999).

10. E. Gabriella Coleman, *Coding Freedom: The Ethics and Aesthetics of Hacking* (Princeton, N.J.: Princeton University Press, 2012).

11. Lawrence Lessig, *Code, and Other Laws of Cyberspace* (New York: Basic, 1999).

12. James Boyle, "The Second Enclosure Movement and the Construction of the Public Domain," *Law and Contemporary Problems* 66, no. 33 (2003): 33–74; James Boyle, *The Public Domain: Enclosing the Commons of the Mind* (New Haven: Yale University Press, 2008).

13. John Perry Barlow, "A Declaration of the Independence of Cyberspace," February 8, 1996, https://projects.eff.org/~barlow/Declaration-Final.html.

14. Jack Goldsmith and Tim Wu, *Who Controls the Internet? Illusions of a Borderless World* (Oxford: Oxford University Press, 2008).

15. Dan Schiller, *Digital Capitalism: Networking the Global Market System* (Cambridge: MIT Press, 1999); Nicole Starosielski, *The Undersea Network* (Durham, N.C.: Duke University Press, 2015).

16. Jessie Daniels, Karen Gregory, and Tressie McMillan Cottom, eds., *Digital Sociologies*, reprint ed. (Bristol: Policy Press, 2016); Danielle Keats Citron, *Hate Crimes in Cyberspace* (Cambridge: Harvard University Press, 2014); Joan Donovan and danah boyd, "The Case for Quarantining Extremist Ideas," *The Guardian*, June 1, 2018, https://www.theguardian.com/commentisfree/2018/jun/01/extremist-ideas-media-coverage-kkk; Safiya Umoja Noble, *Algorithms of Oppression: How Search Engines Reinforce Racism* (New York: NYU Press, 2018); Sarah Myers West, "Censored, Suspended, Shadowbanned: User Interpretations of Content Moderation on Social Media Platforms," *New Media & Society*, May 8, 2018, https://doi.org/10.1177/1461444818773059; Danah Boyd, *It's Complicated: The Social Lives of Networked Teens* (New Haven: Yale University Press, 2014); Siva Vaidhyanathan, *Antisocial Media: How Facebook Disconnects Us and Undermines Democracy* (New York: Oxford University Press, 2018); Zeynep Tufekci, *Twitter and Tear Gas: The Power and Fragility of Networked Protest* (New Haven: Yale University

Press, 2018); Whitney Phillips, *This Is Why We Can't Have Nice Things: Mapping the Relationship Between Online Trolling and Mainstream Culture* (Cambridge: MIT Press, 2015).

17. Lisa Parks, "Points of Departure: The Culture of U.S. Airport Screening," *Journal of Visual Culture* 6, no. 2 (2007): 183–200 (quote on 187), https://doi. org/10.1177/1470412907078559.

18. Kate Klonick, "The New Governors: The People, Rules, and Processes Governing Online Speech," *Harvard Law Review* 131 (2018): 1598–1670; James Grimmelmann, "The Virtues of Moderation," *Yale Journal of Law and Technology* 17 (2015): 42–109; Tarleton Gillespie, *Custodians of the Internet: Platforms, Content Moderation, and the Hidden Decisions That Shape Social Media* (New Haven: Yale University Press, 2018); Sarah Myers West, "Censored, Suspended, Shadowbanned: User Interpretations of Content Moderation on Social Media Platforms," *New Media & Society*, May 8, 2018, https://doi. org/10.1177/1461444818773059; Nikos Smyrnaios and Emmanuel Marty, "Profession 'nettoyeur du net,' " *Réseaux*, no. 205 (October 10, 2017): 57–90, https://doi.org/10.3917/res.205.0057; Nora A. Draper, "Distributed Intervention: Networked Content Moderation in Anonymous Mobile Spaces," *Feminist Media Studies* 0, no. 0 (April 18, 2018): 1–17, https://doi.org/10.1080/14680777.2018.1458746; Claudia Lo (Claudia Wai Yu), "When All You Have Is a Banhammer: The Social and Communicative Work of Volunteer Moderators" (Thesis, Massachusetts Institute of Technology, 2018), http://dspace.mit.edu/handle/1721.1/117903.

第一章　幕后之人

1. Brad Stone, "Concern for Those Who Screen the Web for Barbarity," *New York Times*, July 18, 2010, http://www.nytimes.com/2010/07/19/technology/19screen.html?_r=1.

2. Stone, "Concern for Those Who Screen the Web."

3. 这一数据曾经可以在以下网页查到：http://www.youtube.com/yt/press/statistics.html; viewed April 20, 2014。YouTube 似乎不再通过这个网页或者以这种方法公开发布这一数据了。另见 Bree Brouwer, "YouTube Now Gets over 400 Hours of Content Uploaded Every Minute," July 26, 2015, https://www.tubefilter.com/2015/07/26/youtube-400-hours-content-every-minute; Saba Hamedy, "YouTube Just Hit a Huge Milestone," Mashable.com, February 28, 2017, https://mashable.com/2017/02/27/youtube-one-billion-hours-of-video-daily。

4. Cooper Smith, "Facebook 350 Million Photos Each Day," *Business Insider Social Media Insights* (blog), September 18, 2013, https://www.businessinsider.com/facebook-350-million-photos-each-day-2013-9.

5. Nick Dyer-Witheford, *Cyber-Proletariat: Global Labour in the Digital Vortex* (London: Pluto Press, 2015); Jack Linchuan Qiu, *Goodbye iSlave: A Manifesto for Digital Abolition* (Urbana: University of Illinois Press, 2017); Antonio A. Casilli, "Digital Labor Studies Go Global: Toward a Digital Decolonial Turn," *International Journal of Communication* 11 (2017): 3934–3954; Miriam Posner, "See No Evil," *Logic*, 2018, https://logicmag.io/04-see-no-evil.

6. Taina Bucher, *If ... Then: Algorithmic Power and Politics* (New York: Oxford University Press, 2018); Virginia Eubanks, *Automating Inequality: How High-Tech Tools Profile, Police, and Punish the Poor* (New York: St. Martin's, 2018); Meredith Broussard, *Artificial Unintelligence: How Computers Misunderstand the World* (Cambridge: MIT Press, 2018); Safiya Umoja Noble, *Algorithms of Oppression: How Search Engines Reinforce Racism* (New York: NYU Press, 2018).

7. Aad Blok, "Introduction," *International Review of Social History* 48, no. S11 (2003): 5, https://doi.org/10.1017/S002085900300124X.

8. Noble, *Algorithms of Oppression.*

9. Miriam E. Sweeney, "The Ms. Dewey 'Experience': Technoculture, Gender, and Race," in *Digital Sociologies*, ed. Jessie Daniels, Karen Gregory, and Tressie McMillan Cottom, reprint edition (Bristol, U.K.: Policy Press, 2016).

10. Rena Bivens, "The Gender Binary Will Not Be Deprogrammed: Ten Years of Coding Gender on Facebook," *New Media & Society* 19, no. 6 (2017): 880–98, https://doi.org/10.1177/1461444815621527.

11. Andrew Norman Wilson, *Workers Leaving the Googleplex on Vimeo*, 2010, https://vimeo.com/15852288.

12. Kenneth Goldsmith, "The Artful Accidents of Google Books," *New Yorker Blogs* (blog), December 5, 2013, http://www.newyorker.com/online/blogs/books/2013/12/the-art-of-google-book-scan.html.

13. Krissy Wilson, "The Art of Google Books," 2011, http://theartofgooglebooks.tumblr.com.

14. Alexander Halavais, *Search Engine Society* (Cambridge, Mass.: Polity, 2009).

15. Marie Hicks, *Programmed Inequality: How Britain Discarded Women Technologists and Lost Its Edge in Computing* (Cambridge: MIT Press, 2017).

16. Venus Green, *Race on the Line: Gender, Labor, and Technology in the Bell System, 1880–1980* (Durham, N.C.: Duke University Press, 2001); and Melissa Villa-Nicholas, "Ruptures in Telecommunications: Latina and Latino Information Workers in Southern California," *Aztlan: A Journal of Chicano Studies* 42, no. 1 (2017): 73–97.

17. Lev Manovich, *The Language of New Media* (Cambridge: MIT Press, 2001), 168.

第二章 理解商业性内容审核

1. Kate Crawford and Tarleton Gillespie, "What Is a Flag For? Social Media Reporting Tools and the Vocabulary of Complaint," *New Media & Society* 18, no. 3 (2016): 410–428; Tarleton Gillespie, *Custodians of the Internet: Platforms, Content Moderation, and the Hidden Decisions That Shape Social Media* (New Haven: Yale University Press, 2018).

2. Geoffrey Bowker and Susan Leigh Star, *Sorting Things Out: Classification and Its Consequences* (Cambridge: MIT Press, 1999).

3. Margaret M. Fleck and David A. Forsyth, "Finding Naked

People,"http://www.cs.hmc.edu/~fleck/naked.html.

4. 见 David A. Forsyth and Jean Ponce, *Computer Vision: A Modern Approach* (Upper Saddle River, N.J.: Prentice Hall, 2011); Kenton McHenry, "Computer Vision," presentation at the Digital Humanities High-Performance Computing Collaboratory, National Center for Supercomputing Applications, June 10, 2012。

5. Rebecca Hersher, "Laboring in the Shadows to Keep the Web Free of Child Porn," *All Things Considered*, NPR, November 17, 2013, http://www.npr.org/2013/11/17/245829002/laboring-in-the-shadows-to-keep-the-web-free-of-child-porn.

6. 见 Michael Hardt and Antonio Negri, *Empire* (Cambridge: Harvard University Press, 2000), 108。

7. 见 M. Rodino-Colocino, "Technomadic Work: From Promotional Vision to WashTech's Opposition," *Work Organisation, Labour and Globalisation* 2, no. 1 (2008): 104–116 (quote on 105)。

8. Julia Angwin and Hannes Grassegger, "Facebook's Secret Censorship Rules Protect White Men from Hate Speech but Not Black Children," *ProPublica*, June 28, 2017, https://www.propublica.org/article/facebook-hate-speech-censorship-internal-documents-algorithms; Ariana Tobin, Madeleine Varner, and Julia Angwin, "Facebook's Uneven Enforcement of Hate Speech Rules Allows Vile Posts to Stay Up," *ProPublica*, December 28, 2017, https://www.propublica.org/article/facebook-enforcement-hate-speech-rules-mistakes; Olivia Solon, "Underpaid and Overburdened: The Life of a Facebook Moderator," *The Guardian*, May 25, 2017, http://www.

theguardian.com/news/2017/may/25/facebook-moderator-underpaid-overburdened-extreme-content; Davey Alba, "Google Drops Firm Reviewing YouTube Videos," *Wired*, August 4, 2017, https://www.wired.com/story/google-drops-zerochaos-for-youtube-videos/; Jamie Grierson, " 'No Grey Areas' : Experts Urge Facebook to Change Moderation Policies," *The Guardian*, May 22, 2017, http://www.theguardian.com/news/2017/may/22/no-grey-areas-experts-urge-facebook-to-change-moderation-policies; Nick Hopkins, "Facebook Moderators: A Quick Guide to Their Job and Its Challenges," *The Guardian*, May 21, 2017, http://www.theguardian.com/news/2017/may/21/facebook-moderators-quick-guide-job-challenges.

9. 见 M. J. Bidwell and F. Briscoe, "Who Contracts? Determinants of the Decision to Work as an Independent Contractor Among Information Technology Workers," *Academy of Management Journal* 52, no. 6 (2009): 1148–1168; A. Hyde, "Employee Organization and Employment Law in the Changing U.S. Labor Market: America Moves Toward Shorter-Time Jobs," WP Centro Studi Di Diritto Del Lavoro Europeo, 2002, http://csdle.lex.unict.it/Archive/WP/WP%20CSDLE%20M%20DAntona/WP%20CSDLE%20M%20DAntona-INT/20120117-060027_hyde_n10-2002intpdf.pdf; Vicki Smith, *Crossing the Great Divide: Worker Risk and Opportunity in the New Economy* (Ithaca, N.Y.: Cornell University Press, 2002)。

10. 见 https://thesocialelement.agency and https://modsquad.com。公司的运营中心在加利福尼亚州的萨克拉门托（Sacramento）、纽约的布鲁克林（Brooklyn）和得克萨斯州的奥斯汀（Austin），并

且将业务拓展到了英国。

11. 见 Vikas Bajaj, "Philippines Overtakes India as Hub of Call Centers," *New York Times*, November 25, 2011, http://www.nytimes.com/2011/11/26/business/philippines-overtakes-india-as-hub-of-call-centers.html?_ r=1&emc=eta1。

12. 见 Kiran Mirchandani, *Phone Clones: Authenticity Work in the Transnational Service Economy* (Ithaca, N.Y.: ILR Press, 2012); Enda Brophy, *Language Put to Work: The Making of the Global Call Centre Workforce* (London: Palgrave Macmillan, 2017)。

13. 见 Brett Caraway, "Online Labour Markets: An Inquiry into ODesk Providers," *Work Organisation, Labour and Globalisation* 4, no. 2 (2010): 111–125。

14. Amazon Mechanical Turk, "FAQs Overview," https://www.mturk.com/mturk/help?helpPage=overview#what_is_hit.

15. 见 Amazon Mechanical Turk, "FAQs Overview" 。

16. Greig de Peuter, "Creative Economy and Labor Precarity: A Contested Convergence," *Journal of Communication Inquiry* 35, no. 4 (2011): 417–425. https://doi.org/10.1177/0196859911416362.

17. 见 Jamie Woodcock, *Working the Phones: Control and Resistance in Call Centers*, reprint ed. (London: Pluto Press, 2016); Ayhan Aytes, "Return of the Crowds: Mechanical Turk and Neoliberal States of Exception," in *Digital Labor: The Internet as Playground and Factory*, ed. Trebor Scholz, 79–97 (New York: Routledge, 2012); Panagiotis G. Ipeirotis, "Demographics of Mechanical Turk," 2010, http://papers.ssrn.com/sol3/papers.cfm?abstract_id=1585030; Lilly C.

Irani and M. Silberman, "Turkopticon: Interrupting Worker Invisibility in Amazon Mechanical Turk," in *Proceedings of the SIGCHI Conference on Human Factors in Computing Systems* (April 27–May 2, 2013), 611–620; J. Ross, L. Irani, M. Silberman, A. Zaldivar, and B. Tomlinson, "Who Are the Crowdworkers?: Shifting Demographics in Mechanical Turk," in *Proceedings of the 28th International Conference Extended Abstracts on Human Factors in Computing Systems* (April 10–15, 2010), 2863–2872. doi: 10.1145/1753846.1753873。

18. Ross et al., "Who Are the Crowdworkers?"

19. 见 Daniel Bell, *The Coming of Post-Industrial Society: A Venture in Social Forecasting* (New York: Basic, 1973), 9, 13。

20. 见 Marc Uri Porat, *The Information Economy* (Stanford, Calif.: Program in Information Technology and Telecommunications, Center for Interdisciplinary Research, Stanford University, 1976), 1–2。

21. Vincent Mosco, *The Pay-Per Society: Computers and Communication in the Information Age* (Norwood, N.J.: Ablex, 1989); Herbert I. Schiller, *Who Knows: Information in the Age of the Fortune 500* (Norwood, N.J.: Ablex, 1981).

22. Manuel Castells, *The Rise of the Network Society*, 2nd ed. (Oxford: Blackwell, 2000).

23. 见 Manuel Castells, "An Introduction to the Information Age," in *Information Society Reader*, ed. Frank Webster, 138–149 (quote on 143) (London: Routledge, 2004)。

24. 见 National Telecommunications and Information Administration, "Falling Through the Net: A Survey of the 'Have

Nots' in Rural and Urban America," U.S. Department of Commerce, 1995。

25. 见 William H. Dutton, "Social Transformation in an Information Society: Rethinking Access to You and the World," UNESCO Publications for the World Summit on the Information Society, 2004, http://unesdoc.unesco.org/images/0015/001520/152004e. pdf; Eszter Hargittai, "Weaving the Western Web: Explaining Differences in Internet Connectivity Among OECD Countries," *Telecommunications Policy* 23, no. 10–11 (1999): 701–718, https://doi. org/10.1016/S0308-5961(99)00050-6; Jan van Dijk and Kenneth Hacker, "The Digital Divide as a Complex and Dynamic Phenomenon," Information Society 19, no. 4 (2003): 315。

26. 见 Herbert Schiller, *Information Inequality* (New York: Routledge, 1995); Schiller, *Digital Capitalism*。

27. David Harvey, *A Brief History of Neoliberalism* (Oxford: Oxford University Press, 2005).

28. Frank Pasquale, *The Black Box Society: The Secret Algorithms That Control Money and Information* (Cambridge: Harvard University Press, 2015).

29. Bell, *The Coming of Post-Industrial Society*; Harry Braverman, *Labor and Monopoly Capital: The Degradation of Work in the Twentieth Century* (New York: Monthly Review Press, 1975); Nick Dyer-Witheford, *CyberMarx: Cycles and Circuits of Struggle in High Technology Capitalism* (Urbana: University of Illinois Press, 1999); Christian Fuchs, "Class, Knowledge, and New Media," *Media, Culture & Society* 32,

no. 1 (2010): 141–150, doi:10.1177/0163443709350375; Christian Fuchs, "Labor in Informational Capitalism and on the Internet," *Information Society* 26, no. 3 (2010): 179–196, doi:10.1080/01972241003712215.

30. Antonio A. Casilli, "Digital Labor Studies Go Global: Toward a Digital Decolonial Turn," *International Journal of Communication* 11 (2017): 3934–3954; Lilly Irani, "The Cultural Work of Microwork," *New Media & Society* 17, no. 5 (2015): 720–739. https://doi.org/10.1177/1461444813511926; Nick Srnicek, *Platform Capitalism* (Cambridge, Mass.: Polity, 2016); Niels van Doorn, "Platform Labor: On the Gendered and Racialized Exploitation of Low-Income Service Work in the 'In-Demand' Economy," *Information, Communication & Society* 20, no. 6 (2017): 898–914, https://doi.org/10.1080/136911 8X.2017.1294194.

31. 见 Aneesh Aneesh, *Virtual Migration: The Programming of Globalization* (Durham, N.C.: Duke University Press, 2006), 9。

32. 见 Tiziana Terranova, "Free Labor: Producing Culture for the Digital Economy," *Social Text* 63, vol. 18, no. 2 (2000): 33–58 (quote on 44)。

33. 见 Mark Andrejevic, "Exploiting YouTube: Contradictions of User-Generated Labor," in *The YouTube Reader*, ed. Pelle Snickars and Patrick Vonderau, 406–423 (Stockholm: National Library of Sweden, 2009); Nick Dyer-Witheford and Greig de Peuter, *Games of Empire: Global Capitalism and Video Games* (Minneapolis: University of Minnesota Press, 2009); Hector Postigo, "Emerging Sources of Labor on the Internet: The Case of America Online Volunteers," in

Uncovering Labour in Information Revolutions, 1750–2000, ed. Aad Blok and Greg Downey (Cambridge: Cambridge University Press, 2003), 205–223; Terranova, "Free Labor"; Ergin Bulut, "Playboring in the Tester Pit: The Convergence of Precarity and the Degradation of Fun in Video Game Testing," *Television & New Media* 16, no. 3 (2015): 240–258, https://doi.org/10.1177/1527476414525241。

34. Fuchs, "Class, Knowledge, and New Media," 141.

35. Fuchs, "Class, Knowledge, and New Media," 141.

36. Ursula Huws, "Working at the Interface: Call-Centre Labour in a Global Economy," *Work Organisation, Labour, and Globalisation* 3, no. 1 (2009): 1–8 (quote on 5).

37. Fuchs, "Class, Knowledge, and New Media"; Terranova, "Free Labor"; Huws, "Working at the Interface"; Ursula Holtgrewe, Jessica Longen, Hannelore Mottweiler, and Annika Schönauer, "Global or Embedded Service Work?: The (Limited) Transnationalisation of the Call-Centre Industry," *Work Organisation, Labour, and Globalisation* 3, no. 1 (2009): 9–25.

38. Nick Dyer-Witheford and Greig de Peuter, "Empire@Play: Virtual Games and Global Capitalism," *CTheory*, May 13, 2009, www.ctheory.net/articles.aspx?id=608.

39. Raj Jayadev, "South Asian Workers in Silicon Valley: An Account of Work in the IT Industry," in *Sarai Reader 01: The Public Domain*, ed. Raqs Media Collective and Geert Lovink, 167–170 (quote on 168) (Delhi: The Sarai Collective, 2001).

40. 见 Brett H. Robinson, "E-Waste: An Assessment of Global

Production and Environmental Impacts," *Science of the Total Environment* 408, no. 2 (2009): 183–191; Charles W. Schmidt, "Unfair Trade E-Waste in Africa," *Environmental Health Perspectives* 114, no. 4 (2006): A232–235; Atushi Terazono, Shinsuke Murakami, Naoya Abe, Bulent Inanc, Yuichi Moriguchi, Shin-ichi Sakai, Michikazu Kojima, Aya Yoshida, Jinhui Li, Jianxin Yang, Ming H. Wong, Amit Jain, In-Suk Kim, Genandrialine L. Peralta, Chun-Chao Lin, Thumrongrut Mungcharoen, and Eric Williams, "Current Status and Research on E-Waste Issues in Asia," *Journal of Material Cycles and Waste Management* 8, no. 1 (206): 1–12。

41. Aihwa Ong, *Neoliberalism as Exception: Mutations in Citizenship and Sovereignty* (Durham, N.C.: Duke University Press, 2006); Harvey, *Brief History of Neoliberalism*; Schiller, *Digital Capitalism.*

42. 见 Jack Linchuan Qiu, *Working-Class Network Society: Communication Technology and the Information Have-Less in Urban China* (Cambridge: MIT Press, 2009), 87。

43. Sareeta Amrute, *Encoding Race, Encoding Class: Indian IT Workers in Berlin* (Durham, N.C.: Duke University Press), 2016.

44. 见 "Farm Aid: Thirty Years of Action for Family Farmers," *FarmAid.com*, https://www.farmaid.org/issues/industrial-agriculture/farm-aid-thirty-years-of-action-for-family-farmers。

45. Ohringer quoted in Todd Razor, "Caleris Poised for Hiring Spree as It Adds Clients," *Business Record*, January 14, 2011, http://www.businessrecord.com/main.asp?Search=1&ArticleID=11846&Sectio

nID=45&SubSectionID=136&S=1.

46. 见 Bajaj，"Philippines Overtakes India"。

47. "Outsourcing & Offshoring to the Philippines," http://www.microsourcing.com.

48. 见 Castells，"An Introduction to the Information Age," 146。

49. 见 Adrian Chen，"Inside Facebook's Outsourced Anti-Porn and Gore Brigade, Where 'Camel Toes' Are More Offensive Than 'Crushed Heads,'" *Gawker*, February 17, 2012, http://gawker.com/5885714/inside-facebooks-outsourced-anti+porn-and-gore-brigade-where-camel-toes-are-more-offensive-than-crushed-heads。

50. Sarah T. Roberts，"Digital Detritus: 'Error' and the Logic of Opacity in Social Media Content Moderation," *First Monday* 23, no. 3 (2018), http://firstmonday.org/ojs/index.php/fm/article/view/8283.

51. "Facebook's Bizarre and Secretive 'Graphic Content' Policy Revealed in Leaked Document," *Daily Mail*, February 21, 2012, http://www.dailymail.co.uk/sciencetech/article-2104424/Facebooks-bizarre-secretive-graphic-content-policy-revealed-leaked-document.html?ito=feeds-newsxml.

52. "Abuse Standards 6.1: Operation Manual for Live Content Operators," oDesk, 81863464-oDeskStandards.pdf, n.d., available at http://random.sh.

53. Alexei Oreskovic，"Facebook Reporting Guide Shows How Site Is Policed," *Huffington Post*, June 19, 2012, http://www.huffingtonpost.com/2012/06/20/facebook-reporting-guide_n_1610917.html#s=935139, Figure 2.6.

54. Quentin Hardy, "The Boom in Online Freelance Workers," *New York Times Bits Blog*, June 13, 2012, http://bits.blogs.nytimes.com/2012/06/13/the-boom-in-online-freelance-workers.

55. Qiu, *Working-Class Network Society*, and J. L. Qiu, *Goodbye iSlave: A Manifesto for Digital Abolition* (Urbana: University of Illinois Press, 2017).

56. Terranova, "Free Labor," 33.

57. L. Suchman, *Human-Machine Reconfigurations: Plans and Situated Actions* (Cambridge: Cambridge University Press, 2009); L. Suchman, "Anthropological Relocations and the Limits of Design," *Annual Review of Anthropology* 40, no. 1 (2001): 1–18.

第三章　硅谷的审核工作

1. 所有可能暴露受访者身份的人名、部门名和公司名都做了匿名处理。

2. Mitali Nitish Thakor, "Algorithmic Detectives Against Child Trafficking: Data, Entrapment, and the New Global Policing Network" (Ph.D. thesis, Massachusetts Institute of Technology, 2016).

3. "Mapping San Francisco's Rent Prices," *Zumper.com*, https://www.zumper.com/blog/2016/03/mapping-san-franciscos-rent-prices-march-2016.

4. Nellie Bowles, "Dorm Living for Professionals Comes to San Francisco," *New York Times*, March 4, 2018, https://www.nytimes.

com/2018/03/04/technology/dorm-living-grown-ups-san-francisco. html.

5. Matt Kulka, "I Made 6 Figures at My Facebook Dream Job— But Couldn't Afford Life in the Bay Area," *Vox.com*, September 4, 2016, https://www.vox.com/2016/9/14/12892994/facebook-silicon-valley-expensive.

第四章 "我称自己为食罪者"

1. 所有可辨认的公司、地点、产品、受访者的名字都做了匿名处理。

2. 温妮·波斯特（Winnie Poster）和基兰·米尔钱达尼（Kiran Mirchandani）两位学者记录了分散在全球南方的业务流程外包员工身上的压力，他们在为北美客户提供电话支持服务时，需要模仿或者使用北美的文化语言特征。Kiran Mirchandani, *Phone Clones: Authenticity Work in the Transnational Service Economy* (Ithaca, N.Y.: ILR Press, 2012), and Winifred Poster, "Who's on the Line? Indian Call Center Agents Pose as Americans for U.S.-Outsourced Firms," *Industrial Relations: A Journal of Economy and Society* 46, no. 2 (2017): 271–304.

3. E. Sidney Hartland, "The Sin-Eater," *Folklore* 3, no. 2 (1892): 145–57.

4. Suzanne LaBarre, "Why We're Shutting Off Our Comments," *PopSci.com*, September 24, 2013, http://www.popsci.com/science/

article/2013-09/why-were-shutting-our-comments; and "A New Role for Comments on Chronicle.Com," *Chronicle of Higher Education*, January 3, 2016, https://www.chronicle.com/article/A-New-Role-for-Comments-on/234701.4.

5. Ashley A. Anderson, Dominique Brossard, Dietram A. Scheufele, Michael A. Xenos, and Peter Ladwig, "The 'Nasty Effect': Online Incivility and Risk Perceptions of Emerging Technologies," *Journal of Computer-Mediated Communication* 19, no. 3 (2014): 373–387, https://doi.org/10.1111/jcc4.12009.

第五章　"现代英雄"：马尼拉的审核工作

1. 我要感谢安德鲁·迪克斯的帮助以及他对这项工作的见解。为保护员工起见，和其他章节一样，受访者的名字和公司、部门、地点、产品的名字都做了匿名处理。

2. 见 Vikas Bajaj, "Philippines Overtakes India as Hub of Call Centers," *New York Times*, November 25, 2011, http://www.nytimes.com/2011/11/26/business/philippines-overtakes-india-as-hub-of-call-centers.html?_r=1&emc=eta1。

3. 我并不认为这种情况是某种"地方特色"，这种极端的贫富差距并不是全球南方独有的，人们经常可以在一位学者兼活动人士所描述的"过度发展的世界"中看到这种现象。西方很多地区都存在这种严重的经济差距，包括像我居住的洛杉矶这样的地方。

4. 见 Mél Hogan, "Facebook Data Storage Centers as the

Archive's Underbelly," *Television & New Media* 16, no. 1 (2015): 3–18, https://doi.org/10.1177/1527476413509415; Lisa Parks and Nicole Starosielski, *Signal Traffic: Critical Studies of Media Infrastructures* (Urbana: University of Illinois Press, 2015); Nicole Starosielski, *The Undersea Network: Sign, Storage, Transmission* (Durham, N.C.: Duke University Press, 2015)。

    5. 见 Neferti Xina M. Tadiar, *Fantasy-Production: Sexual Economies and Other Philippine Consequences for the New World Order* (Manila: Ateneo De Manila University Press, 2004)。

    6. 见 Parks and Starosielski, *Signal Traffic*, 8。

    7. Parks and Starosielski, *Signal Traffic*, 5.

    8. Mél Hogan, "Data Flows and Water Woes: The Utah Data Center," *Big Data & Society* 2, no. 2 (2015): 1–12; Mél Hogan and Tamara Shepherd, "Information Ownership and Materiality in an Age of Big Data Surveillance," *Journal of Information Policy* 5 (2015): 6–31.

    9. 来自 http://worldpopulationreview.com/world-cities/manilapopulation/and the Republic of the Philippines, National Nutrition Council, website at http://www.nnc.gov.ph/index.php/regional-offices/national-capital-region/57-region-ncr-profi le/244-ncr-profile.html。

    10. 见 Gavin Shatkin, "The City and the Bottom Line: Urban Megaprojects and the Privatization of Planning in Southeast Asia," *Environment and Planning A: Economy and Space* 40, no. 2 (2008): 383–401 (quote on 384), https://doi.org/10.1068/a38439。

    11. World Bank, "East Asia's Changing Landscape: Measuring a

Decade of Spatial Growth," 2016, http://www.worldbank.org/content/ dam/Worldbank/Publications/Urban%20Development/EAP_Urban_ Expansion_Overview_web.pdf.

12. 见 Shatkin, "The City and the Bottom Line," 384。

13. 见 Rosario G. Manasan, "Export Processing Zones, Special Economic Zones: Do We Really Need to Have More of Them?" Policy Notes, Philippine Institute for Development Studies, November 2013, p. 1, http://dirp4.pids.gov.ph/webportal/CDN/PUBLICATIONS/ pidspn1315.pdf。

14. Lilia B. de Lima, "Update on PEZA Activities and Programs," AmCham Hall, Makati City, July 31, 2008, http://www.investphilippines. info/arangkada/wp-content/uploads/2011/07/PEZA-presentation.pdf.

15. The Special Economic Zone Act of 1995, Republic Act No. 7916, *Official Gazette of the Republic of the Philippines*.

16. Proclamation No. 191, s. 1999, *Official Gazette of the Republic of the Philippines*, n.d.

17. 见 "Corporate Profile," Megaworld Corporation, https:// www.megaworldcorp.com/investors/company/corporate-profile。

18. 见 Arlene Dávila, *Barrio Dreams: Puerto Ricans, Latinos, and the Neoliberal City* (Berkeley: University of California Press, 2004); James Ferguson, *Global Shadows: Africa in the Neoliberal World Order* (Durham, N.C.: Duke University Press, 2006); David Harvey, *A Brief History of Neoliberalism* (Oxford: Oxford University Press, 2005); Michael Herzfeld, *Evicted from Eternity: The Restructuring of Modern Rome* (Chicago: University of Chicago Press, 2009); Ursula Huws, *Labor*

in the Global Digital Economy: The Cybertariat Comes of Age (New York: Monthly Review Press, 2014); Vincent Lyon-Callo, *Inequality, Poverty, and Neoliberal Governance: Activist Ethnography in the Homeless Sheltering Industry* (Toronto: University of Toronto Press, 2008); Tadiar, Fantasy-Production。

19. 见 Parks and Starosielski, *Signal Traffic*, 3。

20. Bonifacio Global City website, http://bgc.com.ph/page/history.

21. 见 Huws, *Labor in the Global Digital Economy*, 57。

22. Jan M. Padios, *A Nation on the Line: Call Centers as Postcolonial Predicaments in the Philippines* (Durham, N.C.: Duke University Press, 2018).

23. Jan Maghinay Padios, "Listening Between the Lines: Culture, Difference, and Immaterial Labor in the Philippine Call Center Industry" (Ph.D. dissertation, New York University, 2012), 17, 18, http://search.proquest.com.proxy1.lib.uwo.ca/docview/1038821783/abst ract/317F9F8317834DA8PQ/1?accountid=15115.

24. Padios, *A Nation on the Line*.

25. 关于 "space of flows", 见 Manuel Castells, "The Space of Flows," ch. 6 in *The Rise of the Network Society*, 2nd ed., 407–459 (Oxford: Blackwell, 2000)。

26. Harvey, *A Brief History of Neoliberalism*.

27. Cecilia Uy-Tioco, "Overseas Filipino Workers and Text Messaging: Reinventing Transnational Mothering," *Continuum* 21, no. 2 (2007): 253–265, https://doi.org/10.1080/10304310701269081.

第六章 数字人文

1. Sarah T. Roberts, "Social Media's Silent Filter," *The Atlantic*, March 8, 2017, https://www.theatlantic.com/technology/archive/2017/03/commercial-content-moderation/518796.

2. Adrian Chen, "The Laborers Who Keep Dick Pics and Beheadings Out of Your Facebook Feed," *Wired*, October 23, 2014, http://www.wired.com/2014/10/content-moderation.

3. Olivia Solon, "Underpaid and Overburdened: The Life of a Facebook Moderator," *The Guardian*, May 25, 2017, http://www.theguardian.com/news/2017/may/25/facebook-moderator-underpaid-overburdened-extreme-content; Jamie Grierson, "'No Grey Areas': Experts Urge Facebook to Change Moderation Policies," *The Guardian*, May 22, 2017, http://www.theguardian.com/news/2017/may/22/no-grey-areas-experts-urge-facebook-to-change-moderation-policies; Nick Hopkins, "Facebook Moderators: A Quick Guide to Their Job and Its Challenges," *The Guardian*, May 21, 2017, http://www.theguardian.com/news/2017/may/21/facebook-moderators-quick-guide-job-challenges; Julia Angwin and Hannes Grassegger, "Facebook's Secret Censorship Rules Protect White Men ...," *ProPublica*, June 28, 2017, https://www.propublica.org/article/facebook-hate-speech-censorship-internal-documents-algorithms; Ariana Tobin, Madeleine Varner, and Julia Angwin, "Facebook's Uneven Enforcement of Hate Speech Rules ...," *ProPublica*, December 28, 2017, https://www.propublica.org/article/facebook-enforcement-hate-speech-rules-mistakes. Catherine Buni and

Soraya Chemaly, "The Secret Rules of the Internet," *The Verge*, April 13, 2016, https://www.theverge.com/2016/4/13/11387934/internet-moderator-history-youtube-facebook-reddit-censorship-free-speech; Till Krause and Hannes Grassegger, "Inside Facebook," *Süddeutsche Zeitung*, December 15, 2016, http://international.sueddeutsche.de/post/154513473995/inside-facebook.

4. April Glaser, "Want a Terrible Job? Facebook and Google May Be Hiring," *Slate*, January 18, 2018, https://slate.com/technology/2018/01/facebook-and-google-are-building-an-army-of-content-moderators-for-2018.html.

5. "审核面面观"会议于 2017 年 12 月 6—7 日在 UCLA 举办，网站上包含了全部议程的链接、与会者和其他人所写的特邀嘉宾文章以及一些全体会议发言和主题演讲的视频链接。请访问：https://atm-ucla2017.net。

6. 首次"规模化内容审核"会议请参见 http://law.scu.edu/event/content-moderation-removal-at-scale。

7. Betsy Woodruff, "Exclusive: Facebook Silences Rohingya Reports of Ethnic Cleansing," *Daily Beast*, September 18, 2017, https://www.thedailybeast.com/exclusive-rohingya-activists-say-facebook-silences-them; Paul Mozur, "A Genocide Incited on Facebook, with Posts from Myanmar's Military," *New York Times*, October 18, 2018, https://www.nytimes.com/2018/10/15/technology/myanmar-facebook-genocide.html.

8. Alexis C. Madrigal, "Inside Facebook's Fast-Growing Content-Moderation Effort," *The Atlantic*, February 7, 2018, https://www.

theatlantic.com/technology/archive/2018/02/what-facebook-told-insiders-about-how-it-moderates-posts/552632.

9. Hany Farid, "Reining in Online Abuses," *Technology & Innovation* 19, no. 3 (2018): 593–599, https://doi.org/10.21300/19.3.2018.593.

10. "How CEP's EGLYPH Technology Works," Counter Extremism Project, December 8, 2016, https://www.counterextremism.com/video/how-ceps-eglyph-technology-works.

11. Farid, "Reining in Online Abuses."

12. Technology Coalition, "The Technology Coalition—Fighting Child Sexual Exploitation Online," 2017, http://www.technologycoalition.org.

13. Sarah T. Roberts, "Commercial Content Moderation and Worker Wellness: Challenges & Opportunities," *Techdirt*, February 8, 2018, https://www.techdirt.com/articles/20180206/10435939168/commercial-content-moderation-worker-wellness-challenges-opportunities.shtml.

14. "Employee Resilience Guidebook for Handling Child Sexual Abuse Images," Technology Coalition, January 2015, http://www.technologycoalition.org/wp-content/uploads/2015/01/TechnologyCoalitionEmployeeResilience-GuidebookV2January2015.pdf.

15. Nick Statt, "YouTube Limits Moderators to Viewing Four Hours of Disturbing Content per Day," *The Verge*, March 13, 2018, https://www.theverge.com/2018/3/13/17117554/youtube-content-moderators-limit-four-hours-sxsw.

16. "CDA 230: Legislative History," Electronic Frontier Foundation, September 18, 2012, https://www.eff.org/issues/cda230/legislative-history.

17. Ben Knight, "Germany Implements New Internet Hate Speech Crackdown," *DW.COM*, January 1, 2018, http://www.dw.com/en/germany-implements-new-internet-hate-speech-crackdown/a-41991590.

18. Greg Hadley, "Forced to Watch Child Porn for Their Job, Microsoft Employees Developed PTSD, They Say," *McClatchy DC*, January 11, 2017, http://www.mcclatchydc.com/news/nation-world/national/article125953194.html.

19. Steven Greenhouse, "Temp Workers at Microsoft Win Lawsuit," *New York Times*, December 13, 2000, https://www.nytimes.com/2000/12/13/business/technology-temp-workers-at-microsoft-win-lawsuit.html.

20. Timothy B. Lee, "Ex-Facebook Moderator Sues Facebook over Exposure to Disturbing Images," *Ars Technica*, September 26, 2018, https://arstechnica.com/tech-policy/2018/09/ex-facebook-moderator-sues-facebook-over-exposure-to-disturbing-images. 案件文本见此处：https://www.documentcloud.org/documents/4936519-09-21-18-Scolav-Facebook-Complaint.html。

21. "About BIEN," *BIEN Philippines* (blog), February 5, 2018, http://www.bienphilippines.com/about; and "Tech Workers Coalition," https://techworkerscoalition.org.

22. Sarah Myers West, "Censored, Suspended, Shadowbanned:

User Interpretations of Content Moderation on Social Media Platforms," *New Media & Society*, May 8, 2018.

23. "Santa Clara Principles on Transparency and Accountability in Content Moderation," Santa Clara Principles, https:// santaclaraprinciples.org/images/scp-og.png.

24. Scott Shane and Daisuke Wakabayashi, " 'The Business of War' : Google Employees Protest Work for the Pentagon," *New York Times*, July 30, 2018, https://www.nytimes.com/2018/04/04/technology/ google-letter-ceopentagon-project.html; Kate Conger, "Amazon Workers Protest Rekognition Face Recognition Contracts for Police," *Gizmodo* (blog), June 21, 2018, https://gizmodo.com/amazon-workers-demand-jeff-bezos-cancel-face-recognitio-1827037509.

25. Shannon Mattern, "Public In/Formation," *Places Journal*, November 15, 2016, https://doi.org/10.22269/161115.

致谢

最后，我想从多个方面谈谈这本书的由来。我要感谢曾经指点、支持、影响和鼓励了这本书的研究、写作、内容、结果和未来的所有人。写这篇致谢非常困难，我拖延了很长时间，直到耶鲁大学出版社编辑用不断催促取代了好意提醒。之所以如此，完全是因为这份致谢承载了我对身边支持这项研究、坚信本书潜力的人的诚挚感谢，如果没有他们，这本书不可能问世。我生怕无意中遗漏了某个名字，忘记提及某份贡献，或者忽略了某个对我很重要的人。请你们谅解，这种遗漏都是无意的。我十分珍视在过去八年半以及在更久之前建立的各种关系，本书就是这些关系的结晶。

自 2010 年以来，我采访了许多离职或在职的商业性内容审核员。近些年，我也接触了许多在其他方面和商业性内容审核有联系的专职人员，有的负责为审核团队制订政策，有的负责开发计算机辅助工具，有的站在用户的角度上推动提升互联网的透明度和用户体验。除了业内人士之外，还有学者、政策宣传者、律师、记者以及同时拥有以上多种身份的人。我和很多这样的人交流过，他们让我对审核行业的理解更深，丰富了本书的内容。我认为一个更大的群体将会在接下来的几个月、几年内逐步成形，他们都属于这个群体的一部分。我们的大部分交流都没有直接呈现在这本书里，但他们对这本书的影响很深，他们帮助我在恰当的背景中理解书中的审核员直接提供的信息。

在寻找愿意参与本书研究的人员时，我尤其重视保持受访者的匿名性，并且对他们的感受保持敏感和关注。有些时候，和我交流的内容审核员直接违反了这份工作要求他们签署和遵守的保密协议，这些协议禁止他们和未经授权的第三方谈论工作的具体细节。员工担心暴露身份会遭到解雇。我试图在保持受访者匿名的同时保留一般性信息，让读者们对其工作场所的性质有一定的了解。比如我会指出这是一家硅谷的社交媒体公司，让读者了解它所处的社会、经济、文化环境和规范，这些都是重要的信息。

在整个研究过程中（而且直到今天），我一直以"不造成（额外）伤害"的原则来对待这些受访员工。我在访谈过程中特别避免直接询问色情话题的细节，避免询问他们看到的不良内容的细节（比如我不会这样问："请告诉我你们在工作中看过的最糟糕的内容"）。这有两个原因。首先，纸媒和在线新闻媒体已经开始从这个角度进行报道，所做的调查似乎也足够充分。令人不适的内容无疑是他们经历中的一个重要方面，但这只是审核工作全貌的一部分。其次，直接询问这样的问题很容易对员工造成进一步的伤害。从伦理的角度来看，我的目标是避免员工因为参与这项研究而回想起更多负面的经历。

这些努力大多数时候是成功的，但在有些访谈中，我们还是会讲到那些令人不适、有害的内容。能够与一位学者分享自己的工作经历，且这名学者与他们的雇主无关，还关心他们的福祉，旨在提高内容审核员这一群体的知名度，他们偶尔也对此感到宽慰。我不可能确保在谈论审核工作时不对他们造成任何伤害，但在谈论受访者经常面对的那些敏感且令人不安的内容时，我已经做到了最大程度的尊重和谨慎。他们愿意毫无保留、充满信任地分享他们的见解和经历，对此我深感荣幸。

我想对马克斯、乔希、凯特琳、里克、梅琳达、克里斯、索菲娅、克拉克、科尔特斯、德雷克和约翰说：没有你们，这本书不可能完成。事实上，如果没有你们，这本书根本就不会存在。我很荣幸能够得到你们的信任和坦诚相待，你们愿意违反保密协议，放下重重顾虑，和我分享你们的工作和生活。我的目标从一开始就是将你们的知识、见解和经验分享给广大读者，让更多人关注这项有意让你们默默无闻的工作。我希望你们能感受到，我所做的一切无愧于你们所有人，也无愧于你们的同事和爱人。你们的经历和话语将继续鼓舞着我。我非常荣幸能够有机会将这些内容分享给他人，并且能够通过一个更大的视角——商业性内容审核对整个社会的影响来解释这些内容。你们是这段旅程的起点，没有你们，这本书将不可能问世。感谢你们。

我能够完成这个耗时的创造性／脑力项目，关键是我身边有一群亲密的伙伴，一群像家人一样的朋友。他们以正式或非正式的方式参与到了本书当中，非正式的方式往往更加重要。他们和我讨论过这本书的主题和思想，以他们的自身经验与观点给我启发，还有老朋友之间的那些关心和对话。学者生活往往是孤独寂寞的，我们在安静的环境中独自完成大部分著作（至少我是如此），以至于离开工作环境就相当于从洞穴中走出来，或者从水底下探出头来大口呼吸。但我身边的这些亲密朋友总会给我带来平衡，我总是可以依靠他们，依靠他们的友谊，有时候我需要他们的程度会超出自己的想象。

这些朋友都是出类拔萃的人。我首先要讲的是萨菲娅·U.诺布尔和瑞安·阿德塞里亚斯（Ryan Adserias），我认识她们二人不止十年，这意味着她们见证了我对商业性内容审核产生兴趣的全过程。她们目睹了我对这个课题的思考随着时间推移而发生的改变，并且参与到了我的思考当中。我对她们的爱无以言表，我希望这份友谊、欢笑和相互支持可以继续保持数十年。虽然我是独生女，但却将她们看作我不曾有过的姐妹，如果可以选择的话，我每天都会选择她们做我的姐妹。我每天都很感谢她们丰富了我的人生，我也很感谢她们阅读了本书的多个版本，阅读过的次数多到谁也记不清了。这本书和我的人生中处处都有她们留下的痕迹，她们让我成为一个更好的人。

同样，米歇尔·卡斯韦尔（Michelle Caswell）、梅尔·奥甘、米丽娅姆·斯威尼、莫莉·尼森（Molly Niesen）、米丽娅姆·波斯纳、马尔·希克斯、斯泰茜·伍德（Stacy Wood）、埃米莉·德拉宾斯基（Emily Drabinski）和梅利莎·维拉－尼古拉斯都是很棒的朋友，也都是天才（这可不是巧合）。她们是硕果累累、出类拔萃、改变世界的女性主义批判学者，她们的事迹和贡献真的能够写满一本书。能够称她们为同事和朋友是我的骄傲和荣幸。她们在学术上挑战、激励、推动了我。她们是学术界的榜样，富有人文关怀和道德感，乐于助人，心地善良，并且在研究方面一丝不苟，具有开创性。这些优点是可以集于一身的，她们每天细致而出色的批判性研究、对学生的教导和对朋友的关怀就证明了这一点。我从她们每个人身上都学到了很多东西，她们的伴侣也成了我的朋友，她们可爱的孩子是我人生中遇见的最爱，这使我和她们的关系更加紧密了。奥蒂斯·诺布尔三世（Otis Noble III）和尼科（Nico）、托梅尔·贝加斯（Tomer Begaz）和列夫（Lev）、古伊·马亚（Gui Maia）和芬恩（Finn）、塞巴斯蒂安（Sebastian）和简（Jane）、安迪·华莱士（Andy Wallace）和多拉（Dora）、西泽·奥罗佩萨（Cesar Oropeza）和霍奇特尔（Xochitl），我很高兴这些充满活力和动力的女性（她们总是有无穷无尽的工作要求和出差安排）身边有你们这些优秀、体贴、支持她们的男性伴侣，而且也允许我融入你们的生活。你们和你们的伴侣一起养育了我所见过的最优秀、最可爱、最聪明、最善良、最体贴的孩子。我在这些孩子刚出生头几天就抱过他们，而且一直看着他们长大，看着他们成为朝气蓬勃、英俊漂亮、独一无二的人。他们在过去几年里给我带来了如此多的快乐和爱，如今我把他们看做是我亲密朋友圈中的核心。希望他们能够接过我们的事业，继续解决前人留下的社会问题。我为我们这一代人向你们致歉，希望你们能够做得更好，更爱彼此和这个世界。

很多朋友都在这段旅程中留下了印记。埃尔金·布卢特（Ergin Bulut）是我在伊利诺伊大学研究生院最早认识的同学之一，刚见到他的时候，我就折服于他的才华、激情和政治头脑，我们很快成了朋友，至今还保持着联系，他是一位极具批判性的传播学者，著有尖锐、挑战现状的政治性作品。他出生于土耳其，目前在土耳其生活和工作，那里是压迫学者最严重的地方之一，但他仍坚守原则。他的勇敢和对正义的追求鼓舞了我。科林（Colin）和瓦妮莎·莱因史密斯（Vanessa Rhinesmith）以及他们的女儿露西（Lucy）也是我在伊利诺伊大学认识的朋友，他们继续在我们这个研究领域以及其他领域中深耕，很高兴我们还保持着联系。我要特别感谢卡梅伦·麦卡锡（Cameron McCarthy）、安吉·瓦尔迪维亚（Anghy Valdivia）和他们的女儿里安农·贝蒂维亚（Rhiannon Bettivia）以及她的家庭多年来对我的帮助、款待以及对我工作的支持。我要感谢传播政治经济学的传奇学者丹·席勒早年对我的支持和指导，感谢他和琳达·C.史密斯（Linda Smith）一起筹建了伊利诺伊大学信息科学学院信息与社会课程的教师团队，美国博物馆和图书馆服务协会（Institute of Museum and Library Services）也为此提供了资金支持。中村莉萨在我研究早期非常支持我的兴趣，并在她的第一期研究小组里面为这些研究提供了支持，当时我和小组成员萨菲娅·诺布尔、米丽娅姆·斯威尼、小牧龙太（Ryuta Komaki）在她的指导下努力撰写我们的作品。这个有创造力的小组对我产生了深远的影响。我在伊利诺伊大学认识的其他重要朋友包括但不限于卡拉·帕尔马（Karla Palma）、卡拉·卢赫特（Karla Lucht）、阮氏米（Mimi Thi Nguyen）、艾丽西亚·科兹马（Alicia Kozma）、梅尔·斯坦菲尔（Mel Stanfill）和徐善雅（Sunah Suh），他们使我能够充满欢笑地度过我的博士生涯。J.克哈拉尼·考努伊（J.Kēhaulani Kauanui）多年来非常慷慨地与我分享了她过人的智慧。瓦莱里娅·萨皮安（Valeria Sapiaín）、约翰·比弗（John Beaver）和他们的家人在我的人生中有多方面的重要意义，他们总是对我做的事情感兴趣，我很感谢他们的爱和关心。

雅基·夏因（Jacqui Shine）是一位了不起的思想家、作家和知识分子，我在早期筹备申请研究生学校时认识了她，我们是在一个为有意读研的学生准备的互联网论坛里面认识的。岁月如梭！莫莉·赖特·斯廷森（Molly Wright Steenson）和安妮特·维（Annette Vee）、利兹·埃尔塞索（Liz Ellcessor）和肖恩·邓肯（Sean Duncan）、亚力克丝·汉娜（Alex Hannah）、安妮·玛萨－麦克劳德（Annie Massa-MacLeod）、埃琳·马登（Erin Madden）、珍妮·霍夫曼（Jenny Hoffman）、凯蒂·扎曼（Katie Zaman）、辛西娅·伯恩森（Cynthia Burnson）、沙恩·奥尼尔（Shane O'Neill）等人都是我在麦迪逊结识的朋友，当时我们都在开始或重新开始做一些事情。看到你们如今的状态，我非常自豪，我可以很骄傲地说："我从……那时候起就认识你们了。"

我还有一些远在天边的朋友，很多都是在网络上认识的，他们使我受益匪浅。我和他们中的一些人的关系维持了 25 年以上，一直到现在。我和他们的关系比起我在现实中的很多关系都更加重要，维持时间更长（当然了，如今我们都见过面，并且在这些年里相聚过）。杰森·布拉迪（Jason Braddy）、伊比登·法科亚（Ibidun Fakoya）、阿曼达·韦利弗（Amanda Welliver）、凯特·汉纳（Kat Hanna）和伊恩·戈德堡（Ian Goldberg），我关注着你们。在过去 25 年里，我认识了你们的伴侣，看着你们的孩子出生、长大。丽贝卡（Rebecca）、米伦（Miren）和戴维（David）、亨利（Henry）、卡罗琳（Caroline）、迈克尔（Mikel）和洛伦（Loren），我爱你们。我 25 年前的来自大洋彼岸的朋友卡塔利娜·乌兹坎加（Catalina Uzcanga）和卡罗尔·奥尔蒂斯（Carol Ortiz），很高兴我们仍保持着联系。①我想对你们所有人说：朋友们，我们年纪大啦。你们通过持续和无条件的友谊，告诉了我什么才是最重要的东西。让我们为下一个 25 年干杯!

讲到不寻常的虚拟关系，我很感谢有一个日益壮大的学者群体对我的工作感兴趣并提供支持，多年来我一直在关注着这些学者的见解、指点、评论、观察和智慧，我们会在 Twitter 上交流，有时候还在会议期间一起喝点东西。这份名单没有尽头，但我感觉我必须要提到戴维·戈伦比亚（David Golumbia）、安东尼奥·卡西利、安德烈·布洛克（André Brock）、大卫·凯依［我从他那里领会了"不参加纯粹由男性组成的讨论小组"（no manels）这个附加条款的力量］、香农·马特恩、安娜·劳伦·霍夫曼（Anna Lauren Hoffmann）、哈尔西恩·劳伦斯（Halcyon Lawrence）、琼·多诺万、克里斯蒂安·富克斯、塔伊纳·布赫、弗兰克·帕斯奎尔、汤姆·马拉尼（Tom Mullaney）、莉莉·艾拉尼、希瓦·维迪亚纳坦、杰茜·丹尼尔斯、雷娜·比文斯、萨拉·巴尼特－怀泽（Sarah Banet-Wiser）、安德烈亚·泽菲罗（Andrea Zeffiro）、塔玛拉·谢泼德、玛丽·格雷（Mary Gray）、M.E. 卢卡（M.E.Luka）、克里斯蒂娜·赛塞尔（Christina Ceisel）、布莱恩·多尔伯（Brian Dolber）、托尼亚·萨瑟兰（Tonia Sutherland）、利比·亨普希尔（Libby Hemphill）、伊薇特·沃恩（Yvette Wohn）和 T.L. 泰勒（T.L.Taylor）。在这里我也要感谢丹兹勒（Danzler，"JD"）带给我的欢笑和爱。慷慨善良的比耶拉·科

---

① 全句原文为西班牙语。

尔曼（Biella Coleman）在很多方面支持了我，能够在西安大略大学见到她让我激动万分，我很感谢她自那时起给我的指点。在提携后进方面，她是前辈学者的典范。我很感谢她的帮助，希望我以后也能像她一样。

感谢哥本哈根大学的"不确定档案收藏"（Uncertain Archives Collective）项目，这个项目由克里斯汀·韦尔（Kristin Veel）、南纳·邦德·蒂尔斯楚普（Nanna Bonde Thylstrup）、安妮·林（Annie Ring）和达妮埃拉·阿戈什蒂纽（Daniela Agostinho）主持。她们是我这项研究的早期支持者。她们正在理论和技术的关键节点处进行精彩的、突破性的研究，我期待着未来的合作。也很感谢温妮·波斯特，感谢她照顾着"劳动与科技"读书小组里我们这些令人头疼的成员，她作为一个全职教授和研究者已经够忙了。我很荣幸能够加入这个小组。我也很感谢SIGCIS[①]计算机史小组的进步派成员，他们和我有共同的兴趣和观点。这些成员们 [包括马尔·希克斯、米丽娅姆·斯威尼、乔伊·兰金（Joy Rankin）、珍妮弗·莱特、本·彼得斯（Ben Peters）、莱恩·努尼（Laine Nooney）、珍妮特·阿巴特和安德鲁·罗素（Andrew Russell）等人] 的著作是开创性的，是学界急需的，他们更加诚实地评价了过去，让我们能更好地理解当下并着眼未来。他们的著作激励着我。我也要感谢电影与媒体研究协会（Society for Cinema and Media Studies）的媒体、科学和技术特别兴趣小组（Media, Science, and

---

① 全称为 The Special Interest Group for Computing, Information, and Society（计算机、信息和社会特别兴趣小组）。

Technology Special Interest Group）。感谢《IEEE 计算史年鉴》（IEEE Annals of the History of Computing）委员会的同事们。

感谢以前和现在的所有部门同事。西安大略大学信息与媒体研究学院的图书馆与信息研究专业给了我第一份工作。一些同事的体贴、支持和关怀使我能够顺利评上教授职位，并适应一个新的国家。这些同事包括尼克·戴尔-威瑟福德、帕姆·麦肯齐（Pam McKenzie）、苏珊·克纳贝（Susan Knabe）、保莉特·罗特鲍尔（Paulette Rothbauer）、杰奎·伯克尔（Jacquie Burkell）、玛妮·哈林顿（Marnie Harrington）、卡萝尔·法伯（Carole Farber）、诺尔玛·科茨（Norma Coates）、安娜贝尔·康-阿斯（Anabel Quan-Haase）、维基·鲁宾（Vicky Rubin）、达杰·切科·格林（Datejie Cheko Green）、希瑟·希尔（Heather Hill）、曼迪·格日布（Mandy Grzyb）、艾莉森·赫恩（Alison Hearn）、温迪·皮尔森（Wendy Pearson）、梅雷迪思·莱文（Meredith Levine）、琳内·麦基奇尼（Lynne McKechnie）、约翰·里德（John Reed）、娜丁·沃森（Nadine Wathen）、马克·雷纳（Mark Rayner）、马特·斯塔尔（Matt Stahl）和克里斯廷·霍夫曼（Kristin Hoffman）。我要特别感谢亲切可爱的马特·沃德（Matt Ward）的友谊。戴维·斯潘塞（David Spencer）在我刚入职时就来拜访，热情地欢迎我，让我难以忘怀。他在 2016 年过世了。感谢 FIMS 的学生，能够教导并认识你们是一件非常美妙有趣的事情，特别是那些参加了我们的桌游课和桌游俱乐部的学生。感谢附近的安大略省的朋友和同事，包括格莱格·德·佩特（Greig de Peuter）和妮科尔·科恩（Nicole Cohen）等。苏珊·圣皮埃尔（Suzanne St-

Pierre），感谢你这些年来和我的交流，以及你在渥太华（Ottawa）对我的热情招待。^①我允许你取笑我在2016年总统大选前放弃正在办理的加拿大居留权回到美国的决定。感谢你们多年来对我的关怀。

从2016年起，我成为UCLA的驻校学者，我的工作得到了信息研究系和教育与信息研究研究生院的支持。这两个部门以及学校的其他同事帮助我进行学术研究，适应洛杉矶的生活，感谢你们所有人。特别感谢系主任乔纳森·弗纳（Jonathan Furner）对我的关心和教导，从我踏入UCLA之日起，他就坚定地相信我、支持我。系里的同事都是这个领域的顶尖学者，他们的著作影响了全世界，我很荣幸能够和他们一起工作，以他们的出色成就为榜样。特别感谢信息研究系和UCLA的教授学者们，感谢外部关系办公室和策略传播部，感谢以前在商务和财务办公室工作的SJ尹（SJ Yoon），感谢公司、基金会和研究关系部的海伦·马吉德（Helen Magid）。我想对UCLA的同事托比·希格比（Toby Higbie）、阿纳尼娅·罗伊（Ananya Roy）和洛尔·穆拉特（Laure Murat）表示感谢，感谢你们对我的欢迎和你们对校园的付出。我无比感谢院长马塞洛·苏亚雷斯–奥罗斯科（Marcelo Suárez-Orozco）对我的研究想法和计划的支持，包括他给"审核面面观"会议提供的物质支持，他还支持我作为UCLA的青年教师代表竞选2018年的卡内基学者（Carnegie Fellow）。他相信这项研究，他的支持让我得以开展自己的研究。非常感谢。

---

① 全句原文为法语。

感谢耶鲁大学出版社的编辑约瑟夫·卡拉米亚（Joseph Calamia），从我们建立工作关系起，我就看到了他冷静、慷慨的一面和被低估的智慧。我很感谢他对这本书的规划、他的耐心和他的编辑专业知识，他为本书增色不少。感谢艾琳·克兰西（Eileen Clancy）对终稿的建设性编辑，感谢她犀利的评论、补充以及十足的幽默感。感谢乔伊丝·伊波利托（Joyce Ippolito）出色的文案编辑和无尽的耐心。感谢瑞安·阿德塞里亚斯提供的大量读后感和在编辑方面的帮助。感谢耶鲁大学出版社所有参与发行制作这本书的人，尤其是这张抓人眼球的封面的设计者索尼娅·香农（Sonia Shannon）。感谢林德·布罗卡托（Linde Brocato）对本书早期策划工作做出的关键贡献。感谢匿名评阅人付出的时间和精力，他们在多个阶段对这部书稿进行评价，并给出非常有用的修改建议。感谢你们。

这本书是在卡内基基金会（Carnegie Foundation）的资金和物质支持下诞生的，我在 2018 年被选为卡内基学者。为期两年的研究经费直接推动了本书的完成，并扩大了本书的影响范围和影响力。能得到这份认可，我很自豪，也很感激，我为能够跻身于如此受尊敬的同行之列感到荣幸。这个奖项真的改变了我的人生，我希望我的工作和这本书能够对得起它。我也很感激自己能够获得 2018 年的电子前哨基金会巴洛先锋奖（Barlow Pioneer Award）。这个奖项通常会颁发给业内人士，作为对获奖者毕生成就的肯定，因此我这样的人看上去往往和那些获奖者不搭边，所以我对以这种方式获得认可感到惊诧和荣幸。感谢你们打破了对有影响力作品的鉴别标准，认可并推荐那些批评科技行业甚至是批评电子前哨基金会立场的作品。我会很自豪地展示这个奖项。特别感谢电子前哨基金会的吉莉恩·约克，她亲自到希腊的塞萨洛尼基（Thessaloniki）和我见面，在凌晨四点把奖项颁给我，并将这个过程同步转播到旧金山的颁奖礼上。多么难忘的故事！

我有幸结识了许多在读博士生、刚毕业的博士生和新任教授——萨拉·迈尔斯·韦斯特、纳塔莉·马雷夏尔（Nathalie Maréchal）、吉·罗、林赛·布莱克韦尔（Lindsay Blackwell）、莫滕·贝（Morten Bay）、玛丽卡·西弗（Marika Cifor）、马里奥·拉米雷斯（Mario Ramirez）、马修·裴（Matthew Bui）、布里特·帕里斯（Britt Paris）、帕特·加西亚（Pat Garcia）、弗朗西丝·科里（Frances Corry）、布鲁克林·吉普森（Brooklyne Gipson）、苏拉法·齐达尼（Sulafa Zidani）、罗德里克·克鲁克斯（Roderic Crooks）、克洛迪娅·洛、吴约韩（Yoehan Oh），还有我自己的博士生露丝·利维尔（Ruth Livier）、伊冯娜·伊登（Yvonne Eadon）和乔纳森·卡尔扎达（Jonathan Calzada），我之前的助理安德鲁·迪克斯，以及我现在有幸教导并与之共同学习的 UCLA 博士生萨凯纳·阿拉维（Sakena Alalawi）、格蕾丝·布里米尔（Gracen Brillmyr）、乔伊斯·加比奥拉（Joyce Gabiola）、玛丽亚·蒙特内格罗（María Montenegro）、尤利塞斯·帕斯卡尔（Ulysses Pascal）、彼得·波拉克（Peter Polack）、卡林·苏斯（Carlin Soos）和劳伦·索伦森（Lauren Sorensen）。你们很有才华，你们青出于蓝而胜于蓝，我亲眼看着你们改变世界。我期待在接下来的许多年里和你们一起进步。我还要感谢信息研究系的优秀硕士生，过去十年里我和他们一起工作。他们不负所望，正在改善人们的行为和这个世界。我很自豪地称你们为我的学生，看到你们取得的非凡成绩，我非常骄傲。希望你们再接再厉！

大约一年前，贝莱尔街区发生了一场火灾，离 UCLA 校园只有半英里远，完全出乎我的意料。但还是有超过 100 人参加了 12 月初举办、为期两天多的"审核面面观"会议。参会人员是一个美妙而充满活力的组合，包括学者、审核员、活动人士、行业代表、记者、学生和智库人员。这次会议不仅是首个关于商业性内容审核的研讨会，还为与会者和有关各方建立起一个松散的网络，他们的研究和工作涉及本书内容的许多方面。许多与会者的名字已经在致谢中提到了，但我还是想感谢所有为会议做出贡献的人。感谢你们的到来，感谢所有参与和出席会议的人，与会人员名单读起来像是一个新兴学科的名人录，感谢你们的贡献。我知道人们在期待下一次的会议，我只能说"我正在努力筹办"。请继续关注！

特别感谢罗兹·鲍登和罗谢尔·拉普兰特，二人在 2017 年的"审核面面观"会议上公开、勇敢地讲述了她们在过去和现在从事商业性内容审核的经历。在最后的全体会议上，她们分享了自己的见解和经历，由于她们的发言，这个环节充满了能量，令人感动、振奋（若想观看相关视频，请访问 atm-2017.net）。希望你们能感受到，我在书里对待你们和你们的同事的方式是公正的。希望我们未来能够继续合作，为所有人创造价值。

莫里茨·里泽维茨和汉斯·布洛克是天才的预见者，他们不仅是我的同事，还成了我的朋友。他们精彩绝伦的首部影片《网络审查员》一鸣惊人，这部纪录片迷人、悲情、震撼，阐述了商业性内容审核及其影响。他们一有机会就会宣称我的学术研究是他们灵感的一个来源，而他们的愿景也激励了我。感谢格布吕德·贝茨公司（Gebrüder Beetz）及其合作伙伴支持这部电影的制作，感谢你们邀请我加入你们的工作。感谢汉斯和莫里茨，感谢你们的支持和热情。看到我的名字和你们这部优秀的电影联系在一起，我非常骄傲。

我必须要感谢一小群记者和作家的参与和贡献，他们在这些年里主动联系了我，如果没有他们，我不可能让我的观点有这么大的影响力。他们的调查和报道在对公司的商业性内容审核行为和政策进行问责方面起到了关键的作用。感谢凯瑟琳·布尼、苏拉娅·切马利、阿德里安·陈、奥利维娅·索伦、戴维·阿尔巴、迪帕·西塔拉曼（Deepa Seetharaman）、戴维·英格拉姆（David Ingram）、劳伦·韦伯（Lauren Weber）、路易丝·马萨基斯（Louise Matsakis）、杰森·克布勒（Jason Koebler）和亚历克斯·考克斯（Alex Cox），以及这些年来我接触的所有记者。他们的工作在提升行业透明度和责任感方面起到了根本性的作用。我们比以往任何时候都需要他们的工作。

感谢星巴克臻选洛斯费利斯店的员工，本书的许多部分（包括致谢）都是在那里写出来的。他们愉快地和我打招呼，拍拍我的后背来鼓励我，用呐喊和欢呼支持我。源源不断的咖啡因作用非凡，尤其是在我感到才思枯竭的很多日子里。我告诉过你们，我会在书里感谢你们所有人，我是认真的。没有你们，坐在我东侧的剧作家和我都不可能完成手头的工作。

在本书即将结束之际，我想到了我的导师们，他们的指导、见解、启发、知识和建议为我打开了一扇扇大门，铺就了一条条道路。克里斯廷·埃申费尔德（Kristin Eschenfelder）、艾瑟林·惠特迈尔（Ethelene Whitmire）和格雷格·唐尼（Greg Downey）在我进入威斯康星大学麦迪逊分校早期给了我许多热情和机会，并聘用我，让我开始了我人生中的第一份教学兼职（当时我还是硕士生！），鼓励我的研究兴趣，在毕业后仍然支持着我。米歇尔·贝赞特（Michele Besant）和艾伦·鲁贝尔（Alan Rubel）也支持和鼓励我，非常感谢你们。克里斯蒂娜·波利是我就读图书馆与信息科学研究生时的导师，我非常钦佩她的才华和善良。我第一次产生读博士的念头之时，就去咨询了她的意见，当时这只是一个不太成熟的想法，但令我感到惊喜的是，她立刻就表现出了百分百的支持和鼓励。我问她，我现在走上这条道路是不是已经"太老了"（当时我已经 30 岁出头了），她听了之后笑得人仰马翻。如今她心满意足地结束了自己的学术生涯，正在加拿大不列颠哥伦比亚省（British Columbia）的一个海岛上与家人朋友共度美好时光，她的人生真是圆满。感谢你对我们这个领域做出的不可磨灭的贡献，也非常感谢你以个人名义为我做的一切。我希望你把本书的献辞看作你对我的人生影响的恰当体现。

伊利诺伊大学信息学院的副院长琳达·C. 史密斯慷慨而有力量，她总是为我和她的学生撑腰。她自己就是一位启蒙者和开拓者，但却不喜欢站在聚光灯下。我希望能让全世界知道她是一个多么优秀的人。她的善良和同情心、她数十年的学术生涯以及她无私的教导，帮助我们很多人度过了艰难的博士时期。她将在这个学年结束后退休，这本书会在她退休时进入学术界，这是个有意义的时刻。我希望她能从我的学术生涯和作品中读到她应得的赞美，希望她能将这本书看作她长期以来对我支持、指导和关怀的结果，这本书证明了她的教导和她的学术研究带给我的影响。

我想对姨妈蕾·埃伦·格里菲思（Rae Ellen Griffith）、坎迪·诺曼（Kandy Norman）、她们的家人和我的外祖母休·卡因（Sue Kain）表达我的爱和感激。非常感谢你们在我的生活和工作中不断支持我，我爱你们所有人。我想对莱斯莉（Leslie）和阿什莉·罗德里格斯（Ashely Rodriguez）这两位美丽、坚强、聪明的年轻女性说：我为你们和你们如今的样子感到非常骄傲。深切缅怀斯泰西（Stacey）和苏格（Sug）。

最后，我要将本书献给我的父母娜恩·罗伯茨（Nan Roberts）和里克·史密斯（Rick Smith）。他们见证了这本书诞生的全过程，从我第一次暗示要继续深造（以及随之而来的他们对于助学贷款债务合情合理的担忧）到这本书的完成。尽管他们一开始很担心，但还是一直支持我。母亲在我童年和青少年时期展现了无尽的自我牺牲和无私精神，她尽己所能地给我提供教育和生活的机会，她的付出每天都在结出果实，这本书的每一页都有她不可磨灭的痕迹。作为创意艺术家和电影制片人，里克对我的影响也很深。我觉得学术生活和职业作家的生活相差无几，我的工作深受他的影响，也延续着他的风格。我可以很荣幸地说，他是我最大的粉丝和支持者。我非常爱你们，这本书是献给你们的。

我要特别感谢——永久感谢——我的人生伴侣帕特里夏·西科恩（Patricia Ciccone）。她自己就是一位学者和杰出的理论家，在很多方面都给予我力量，让我得以开始并完成这本书。在我写作本书的时候，她忍受着我的缺席，度过了许多挣扎、看不到尽头的日日夜夜。事实上，我认为现在的她对于商业性内容审核的性质和意义的理解不逊于任何人，她已经听我讲了很多，看过了我的作品，有时候还被迫在我们小小的公寓里听我和别人的访谈。她离开蒙特利尔（Montreal）跟随我来到洛杉矶，这是她人生中的最大冒险——按理说，蒙特利尔是全世界最好的城市，我又有什么资格说不是呢？在所有人当中，我最愿意和她交流，和她一起欢笑，向她学习，与她共度一生。可以这样说，没有她对我的信任，也就不可能有这本书，我希望她会相信这份信念是值得的。我对她的成就感到非常自豪，我期待全世界都能知道这些成就。这本书是献给你的。

最后，我要把这本书献给威拉德（Willard E., 1915—2004）和维奥拉·H.M. 罗伯茨（Viola H. M. Roberts, 1915—2005）。献给我的祖母，我传承了她对于学习、阅读和语言的热爱。献给我的祖父，他是二战老兵，在一家工厂一工作就是 45 年。他努力在那里组织工会，献身于公共服务，总是下班就回家，周末从来不用查看电子邮箱。我没有一天不想念你们。